JN133781

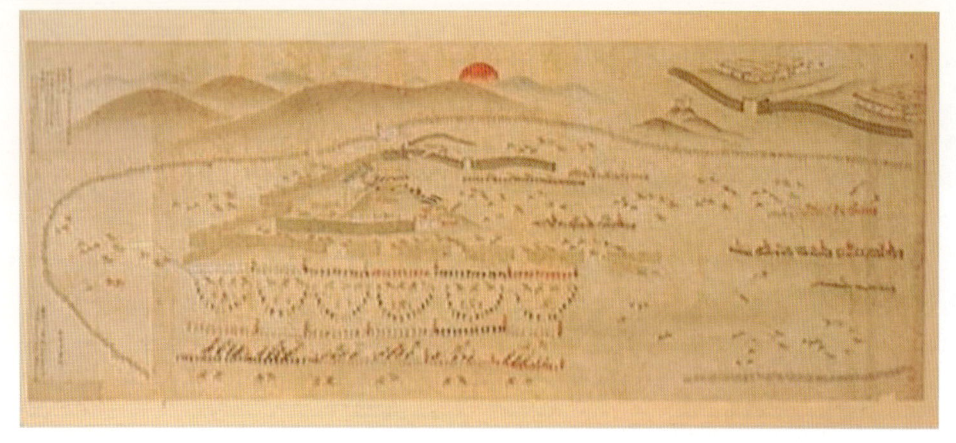

口絵 1　江戸時代の小金原における鹿狩りの絵図（図 1.23，41 頁．提供：松戸市立博物館）．

口絵 2　アカスジカスミカメ（左）とそれに加害されて黒ずんだ斑点米（右）（図 2.11，81 頁．写真：（左）馬場友希，（右）高田まゆら）．

口絵 3　カモノハシがつくる「谷地坊主」（左）と，谷地坊主上のコケとそこで発芽した植物の実生（右）（図 2.27，103 頁）．

口絵 4　畑から沿岸に流れ込んだ赤土に汚染される沖縄本島北部の海．左が降雨前，右が降雨後（図 2.31，114 頁．写真：谷川明男）．

口絵 5　ため池の土手に咲くオミナエシ（長野県松川町）．
秋の七草の 1 つで，日本の草地を代表する植物である．

口絵 6　稲穂にとまるミヤマシジミ（長野県飯島町）．

宮下 直・西廣 淳 編集

人と生態系のダイナミクス

❶ 農地・草地の歴史と未来

宮下 直・西廣 淳〔著〕

朝倉書店

シリーズ〈人と生態系のダイナミクス〉編者

宮下　直（みやした　ただし）　東京大学 大学院農学生命科学研究科 教授

西廣　淳（にしひろ　じゅん）　国立環境研究所 気候変動適応センター 主任研究員

第１巻著者

宮下　直（みやした　ただし）　東京大学 大学院農学生命科学研究科 教授

西廣　淳（にしひろ　じゅん）　国立環境研究所 気候変動適応センター 主任研究員

まえがき

人類は生物種として出現して以来，自然環境（＝生態系）からさまざまな恵みを引き出し，その利用を通して社会を発展させてきた．同時に，その営みが自然環境を顕著に改変してきたのは論をまたない．とくに，20 世紀以降の人口増加と科学技術の目覚ましい進歩は，大規模な土地改変や自然資源の過剰利用をもたらしてきた．これは自国だけでなく，貿易を通して他国への負荷も増大させている．資源の枯渇，処理しきれない廃棄物の発生，地形や土壌の不可逆な改変といった地球規模の環境問題は，人間社会の持続可能性を間違いなく低下させている．最近の地球規模での温暖化や極端気象，それらがもたらす災害は，そうした危機にさらに拍車をかけている．

こうしたなか，生態系には多様な機能があり，それが社会の持続性にとって重要であるという認識が，徐々に社会に浸透しはじめている．たとえば生態系の保全や持続利用に対して，国や自治体が支援する仕組みが整いつつある．また生態系の価値を市場メカニズムに組み込む試みや，生態系の保全と地域活性化を連動させる試み，さらに自然が潜在的にもつ能力を防災・減災に積極的に活用する試みも散見される．これらは，人と自然の関係を再構築し，新たなフェイズに向かわせる動きととらえることができる．

だが，その動きはいまだ限定的であり先行きが不透明である．最近のマスコミ報道でも明らかなように，国や企業は，ICT（情報通信技術）や AI（人工知能）が招く新たな価値創造を目指した社会づくりを進めつつある．国際競争力を高めるためのスマート農業はその典型だろう．だが，生産性や効率のみを追い求めた過去が，予期せぬ環境問題や社会問題を引き起こしてきたことを忘れてはならない．逆説的かもしれないが，いまこそ過去の歴史に学び，これからの時代に合った「価値の復権」を探ることが必要ではないだろうか．これは，現代文明を捨てて社会を昔の状態に戻そうという主張ではない．人間とその環境の関係を加害者と被害者のように単純化するのではなく，人間と環境がダイナミックに作用しあってきた歴史の文脈で「環境問題」をとらえ，未来を創造的に議論しようという意味である．そもそも私たちは，日本の自然や社会のルーツとその変遷をどれほど知っているだろうか．自分自身の生活や社会の歴史を知ることは，文化も含めた価値の再認識につながるはずだ．先行きが不透明な時代を迎えた今，経済至上主義や短期的な利便性の追求といった価値観を超え，日本人が長年培ってきた共生思想や「もったいない」思想を生かす技術革新や制度設計，そして教育改革が明るい未来を拓くことにつながるに違いない．

編者らが本シリーズ（全5巻）を企画した背景は上記のとおりである．本シリーズでは，人との長年のかかわりあいのなかで形成されてきた5つの代表的な生態系—農地と草地，森林，河川，沿岸，都市—をとりあげ，①その成り立ちと変遷，②現状の課題，③課題解決のための取り組みと展望，を論じていく．編者や著者らの力量不足で，新たな価値の復権にはいたっていないかもしれないが，少なくともそのための材料提供になっているだろう．また国連が定めたSDGs（持続可能な開発目標）の達成が大きな社会目標となっている現在，人と自然の歴史的なかかわりから学ぶことは多いはずである．その意味からも，本書は示唆に富む内容を含んでいるに違いない．

本書は純粋な自然科学でも社会科学でもない，真に分野を横断した読み物として手にとっていただくとよい．著者らは，基本的に生態学や計画学の専門家であるが，今回の執筆にあたっては，専門外の内容をふんだんに盛り込み，類書がないものに仕上げたつもりである．生態学や環境学にかかわる研究者，学生はもとより，農林水産業，土木，都市計画にかかわる研究者や行政，企業，そして生物多様性の保全に関心のあるナチュラリストなど，広範な読者を想定している．単なる総説に留まらない，かなり挑戦的な内容も含んでいるため，未熟な論考もあるかもしれないが，その点については忌憚のないご意見をいただければ幸いである．

さて，シリーズ第1巻となる本書では，農地と草地を対象としている．第1巻をこの内容にしたのは，文明や社会，文化の根源は，農業活動を中心とした営みにあるからである．また本書は，農地に加え草地も対象としている．ともに開放的な陸域環境であると同時に，歴史的に双方は不可分の関係にあったためである．詳しい理由は読み進めていただければわかるであろう．

まず第 1 章では，最終氷期から現代にいたる長大な時間スケールで，自然と人間社会の関係性を俯瞰する．ここでは，考古学，歴史学，人文地理学，農学などの知見と，生物学的な知見を統合し，人と自然のダイナミズムをみていく．本書はシリーズ初巻であるため，農地をベースに，森林，河川，沿岸，都市などほかの生態系との関連も含めながら論じる．これは第 2 巻以降の前知識としても活用できるはずである．食料増産や土地開発による社会の発展は，その反作用により新たな環境課題を生み出すという，一種の歴史法則を読みとることができるだろう．

第 2 章では，まず日本の農地，食料，そして文化の根源となってきた水田稲作に焦点を当てる．世界のもう一方の主要作物である小麦との生態学的な対比を通じ，生産性や経営形態の違いがなぜ生じたかについて考察する．読み進めば，この違いが日本の里山景観のモザイク性の形成に一役買ってきたことを理解してもらえるだろう．つぎに農地や草地の生物多様性の特徴と現状を，環境の異質性や農業の集約化，利用放棄などと絡めて論じる．さらに，農地や草地は食料生産や生物の保全以外にも，多様な機能を有していることを紹介する．国際競争力強化を目指したスマート農業だけでは解決しがたい機能があることを垣間見ることができよう．

第 3 章は，前章を受けて課題解決のための多様な取り組みを紹介する．ここではまず近年広がりを見せはじめている環境保全型農業に焦点を当てる．生物多様性の保全上の効果だけでなく，害虫発生など負の側面についても検討する．つぎに，持続的な農業を支える各種の支援制度や，地域が自主的に取り組んでいる「生きもの認証」などの現状と課題について論じていく．最後に，農地がもつ多面的機能を緑のインフラ（グリーンインフラ）としてとらえる新たな取り組みについて紹介する．グリーンインフラの活用は近い将来，低環境負荷で持続可能な地域社会をつくるうえで必須の視点になるだろう．

本書は宮下が中心に執筆したが，草地やグリーンインフラの部分は西廣がおもに担当した．内容や論調のすり合わせについて十分に行ったため，全体として違和感のない流れになっているはずである．

執筆にあたり，さまざまな方にお世話になった．笠田実，馬場友希，片山直樹，鈴木牧の諸氏には草稿段階でコメントをいただき，天野達也，四方圭一郎，青木恵子氏には文献などの情報提供をいただいた．また渡邊彰子，深谷佑紀，高木香里の諸氏には，図表の整理などをしていただいた．写真などの提供者については，掲載箇所で明記している．最後に，本書の刊行にあたり朝倉書店編集部には大変お世話になった．以上の方々に心からお礼を申し上げる．

2019 年 6 月

著者を代表して　宮 下　　直

目　　次

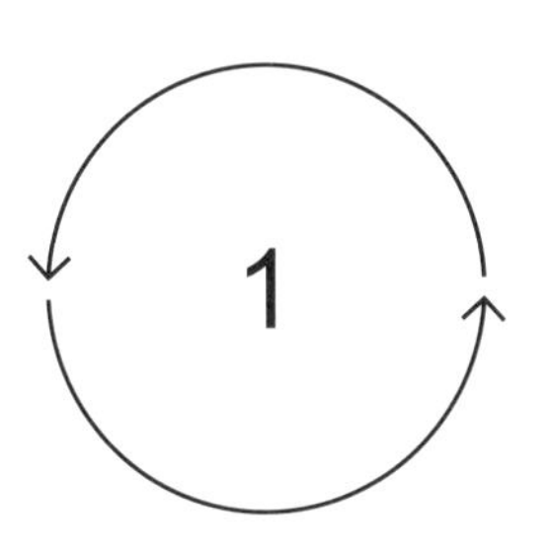

日本の自然の成り立ちと変遷
—人との相互作用を中心に—

人間は古来，気象災害や地震など自然の脅威にさらされてきたが，一方で大地や海からさまざまな恵みを享受してきた．「父なる自然」に翻弄されつつも，「母なる自然」に育てられてきたのである．だが人間は時代を通して，自然に対してさまざまなはたらきかけを行ってきた．それは，自然の恵みの効率的な利用を意図していたが，時として自然を劣化させ，もろもろの環境問題を引き起こすことになった．

こうした人と自然の関係史は，単調な推移の歴史ではなく，実にダイナミックな変動の歴史だった．そのダイナミズムの背景に何があり，何をもたらしたかを理解するには，因果の構造を明確にしたうえで，過去からの歴史を分析することが必要となる．本章では，自然を半自然地としての「農地」とそれ以外の「自然地」に分け，「人間」とあわせて3つの要素の関係を考えていく（図1.1）．農地は人間社会の根幹を支える食料生産の場であり，林地などそれ以外の自然地とは人為の強さが明らかに違う．近代の工業化以前は，自然地から農地への改変が人間と自然のかかわりの中心であった．また農地の作物生産は，歴史的に自然地（草地や林地）の枝葉などを肥料にして維持されてきたことも忘れてはならない．だが工業化以降，人口が増加し市場化が進むことで都市が急成長した．都市開発は，人間から自然地への直接的な圧力を強めてきた．一方，グローバル化により，食料や燃料などを他国へ依存するようになり，結果として日本の自然への干渉が弱まるという，過剰利用と過少利用の二面性を生み出し

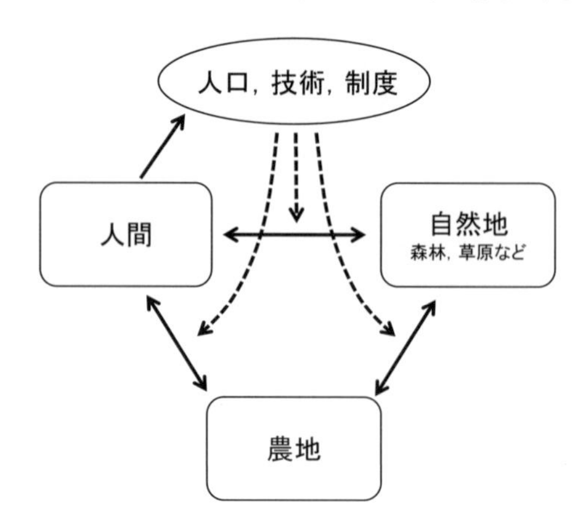

図1.1　人と自然の関係を解き明かすために必要な因果関係．
人間，農地，自然地の3要素の関係性は，人間社会から発する3つの駆動要因から影響を受けて変化する．ここでは，長期の気候変動から受ける外部要因は省いている．

た．

こうした因果の背景となる要因を駆動要因という．駆動要因とは，もともと機械などを動かす仕組みのことであるが，最近は環境問題を引き起こす背景要因の意味でも使われる．本章では駆動要因として，人間社会から内発する「人口」，「技術」，「制度」という3つの要因に注目したい（図1.1）．「人口」はおしなべて自然への圧力を強めるが，「技術」と「制度」の変革は，圧力を強めも弱めもする．たとえば，工業技術の進歩は自然を急激に変質させたが，自然エネルギーを生かした環境負荷の少ない技術開発は，自然への圧力を軽減できる．また貿易制度の変更は，他国の自然を圧迫する反面，自国の自然の管理放棄をもたらすこともある．本章では，3つの構成要素（人間，農地，自然地）の動的な関係を，3つの駆動要因（人口，技術，制度）の変化からひもといていく．

まず本題に入る前に，人間と自然の関係の母体となる日本の自然，とくに気候と地形の特徴，およびその成り立ちをみていこう．それは数百年から数万年スケールではたらく長期的な駆動要因（図1.1には省略）とみなすこともできる．

1.1　日本の自然の特徴

(1)　気候と四季

日本の自然の特徴は何かと問われれば，彩りあふれる四季や，里山の美しい原風景，山海の豊かな食材の源泉，などを挙げる人が多いだろう．やや年配の人ならば，見わたすかぎりに稲穂がなびく田園風景を思い浮かべるかもしれない．こうした自然の豊かさが世界的にみて本当に独特かどうかは，必ずしも科学的に立証されているわけではないが，定性的には以前から多くの人が論じてきたところである．

まず日本の気候の特徴から考えてみよう．日本はいうまでもなく中緯度の温帯域にあり，大陸の東岸に位置する．ケッペンの気候区分では温暖湿潤気候と冷帯湿潤気候が大半を占めている．平たくいえば，適度な気温と豊かな降水量をもつ気候で，それが明瞭な四季と水に恵まれた自然環境をつくり出している．だが，より大きな気候区分でみると，日本は丸ごとアジアモンスーン気候に属している．のちに詳しく述べるが，人間社会や土地利用の観点も含めると，ケッペンの区分よりもアジアモンスーンのくくりのほうが日本の特徴をよりよくとらえている．

モンスーンとは，大陸と海洋の温度差によって生じる季節風のことである．季節風は文字通り季節によって風向きが変化する．夏季には大陸の空気が暖まって上昇気流が発生し，それと入れ替わりに海洋から大陸へ向かって季節風が流れ込むが，冬季になると逆に海洋のほうが暖かくなるので，大陸から海洋へ季節風が吹きこんでくる．季節風は海洋由来の多量の水分を運び，陸地に多くの降水をもたらす．アジアモンスーンは，ユーラシア大陸と太平洋・インド洋のあいだに季節的に生じる巨大な大気と水の循環である．日本列島では，巨大な循環の一部が夏の梅雨前線の活動や冬のシベリアからの季節風をもたらしている．冬の季節風は大陸由来なので通常は乾いているが，日本の場合は日本海を渡るあいだに大量の水分を含んで日本海側に多雪をもたらすことになる．

アジアモンスーンの影響を受ける地域は「モンスーンアジア」とよばれている．モンスーンアジアの定義は明確ではないが，日本や中国などの東アジアに

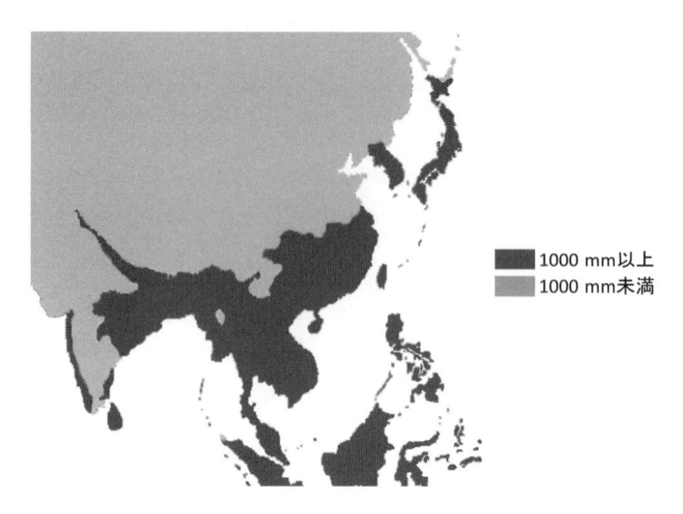

図 1.2　年間降水量 1000 mm を基準としたモンスーンアジアの分布.
グーズ世界地図（2009）を改変.

東南アジア諸国を含む年降水量が 1000 mm 以上の地域をさすことが提案されている（Mushiake 2001；図 1.2）．この地域は世界の陸域の面積の 14%をしめるに過ぎないが，人口では半数以上にも達する．巨大な人口を支えているのは水田稲作から得られる米である．日本は米を主食とし，古来社会や文化の根底に米や稲作があり，アジアモンスーンのほかの地域とも共通した文化がみられる．ケッペンの気候区分よりもモンスーンアジアのくくりが役に立つのはそのためである．

イネは熱帯から亜熱帯，暖温帯に適応した植物であり，小麦や雑穀に比べて高い気温と日射量を必要とする．野生のイネは中国南部から東南アジア，インドにかけて分布するのだから当然であろう．水田稲作には気温とともに水の安定的な確保が必須である．日本は水に恵まれた国で，夏の梅雨や台風，日本海側では冬の多雪でもたらされている．だが，温暖湿潤な気候は，人々に恵みだけをもたらしてきたわけではない．洪水などの自然災害はわかりやすい脅威である．とくに急峻な地形からなる日本列島では潜在的にその危険性は高い．そのため，沖積平野に広大な田園風景がみられるようになったのは，洪水を制御できる土木技術が発展した近世以降のことである．

ところで四季は温帯ならどこにもあるが，モンスーン気候はヨーロッパや北米では限られている．逆にモンスーンアジアでも東南アジアには四季がない．だから，日本のような湿潤な四季は東アジアにほぼ限定される．日本の自然の特徴の1つは，まさにここにある．こうしたいわば「温帯モンスーンアジア」ともいうべき自然と社会の特徴を最初に論じたのは，昭和初期の文化人・哲学者して著名な和辻哲郎である．和辻は，著書『風土』（1935年初版）の中で，温暖多湿，台風や洪水，大雪の存在が日本人の気質や文化，そして風土を形成したと考えている(和辻1935)．これらの要素がすべて狭い面積で揃った地域は，世界的にみてもほかに類をみない．近隣の中国はたしかに同じ要素をもっているが，狭い範囲ですべてが揃っているわけではない．また大陸内部に乾燥地帯を抱えていることで,四方を海に囲まれた海洋性気候の日本ほど湿潤ではない．和辻はさらに,湿潤がもたらす負の側面として雑草の旺盛な繁茂を挙げている．西洋の畑作にくらべて，水田稲作での除草は農家に重労働を課し，それが日本の社会やひいては風土にまで深く影響していると述べている．農学者の飯沼二郎（1970）は，この見解にならって日本の農業を「中耕除草農業」と名づけている．これは作物の耕作期に除草が必要な農業を意味し，ヨーロッパの「休閑農業」との対比で使っている．

和辻の論理展開は因果の実証という点では不十分であり，戦前の世相を反映した国家主義的な雰囲気も感じられるが，日本の風土を自然環境と人間社会の関係性から包括的に論じたものとして，いまでも示唆に富む記述が多い．

(2)　地形の成因と複雑性

日本の自然の特徴は気候だけでは表現できない．もう1つ重要な要素は地形である．地形の成因を論じるには，まず現在の日本列島の成り立ちを考える必要がある．

日本列島は南北に長い島国であり弧状列島ともよばれている．面積的には世界で61位であるが，その領海を含めれば世界6位となる．見慣れた地球儀や地図からすれば貧弱な印象もあるが，中国大陸から東方を眺めると，日本列島は太平洋へのアクセスを見事なまでに遮っている．

日本列島は4つの巨大なプレートが衝突することで，長い年月をかけて形成

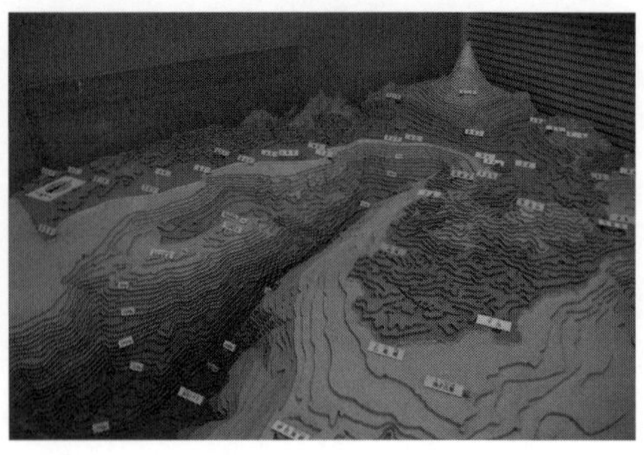

図 1.3　日本列島周辺の４つのプレートの位置関係(左), および富士山から駿河湾にかけての地形(右).
写真提供：東海大学海洋科学博物館.

されてきた（図 1.3 左）. 日本の屋根ともよばれる北アルプスや中央アルプスは, 北米プレートがユーラシアプレートの下に沈み込むことで南北に長い山脈になった. 富士山はフィリピン海, ユーラシア, 北米の 3 つのプレートの境界にある. フィリピン海プレートに乗った伊豆山塊が南からユーラシアプレートに衝突し, 活発な火山活動を引き起こして日本一の山ができたらしい. だが富士山が日本最高峰の山になったのは, ほんの 1 万年ほど前のことである. 一方で日本に人間が住みはじめたのは, 3 万 8000 年ほど前とされている（大塚 2015）. そのころは, まだ古富士山とよばれる標高 2000 m ほどの山が盛んに火山活動をしていたので, 当時の人は日本最高峰の美しい富士山の姿を拝むことはできなかったはずだ. これは日本アルプスに生息するライチョウや高山蝶が富士山にいないこととも関係する. 高山性の生物が氷期に大陸から侵入してきたころは, まだ富士山はそれほど高くなく, 活発な噴火をしていて, とても生物が棲みつくことができる状況ではなかった.

日本列島の急峻な地形はヒマラヤに匹敵するともいわれている. 山脈の高さは 3000 m ほどでヒマラヤには及ぶべくもないが, そこから深さ 8000 m を超える深海へスロープが急勾配で続いている（図 1.3 右）. 海水を除いて考えれば, ヒマラヤ山脈をしのぐ急峻な地形が日本列島を形成している.

これを主要な河川の標高の勾配で描くとわかりやすい. ヨーロッパや北米の大河川, そして中国の黄河や揚子江は, どれも非常に緩勾配である. 河口域から水平距離で 500 km 内陸へ移動しても，標高はせいぜい 100 m しか上がらない．日本の河川では，信濃川や利根川といった最大級の河川でも，河口から 300 km も遡れば標高 600 m を超える山地を流れている．これを単位長さで計算すると，日本の大河川は大陸のそれよりも 4 倍も傾斜がきついことになる．もちろん，富士山や北アルプスから流れる富士川や黒部川はそれよりずっと急傾斜になる．この地形に台風や梅雨前線による大雨が重なり，時として大規模な水害や土砂崩壊が起きるのは，ごく自然の成り行きである．

日本列島はこうした急峻な地形で特徴づけられるが，山脈から海溝までの直線的な傾斜をつねにつくり出しているわけではない．プレートが複雑に衝突しあった結果，小さいスケールで起伏に富む複雑な地形をつくり出した．それは山脈のような大きな山塊だけでなく，標高 1000～2000 m ほどの山地を幾重にも形成した．日本人が古来より峠とよぶものは，大抵その規模の山塊の鞍部（尾根のくぼんだところ）にある．峠は当時の国境（くにざかい）となることも多く，日本の文化の多様性をつくり出した要因でもある．

また急峻な山間部から緩斜地に移る部分では，山から押し流された土砂が堆積し扇状地がつくられる．扇状地はふつう川が伏流して水が得にくい場所であるが，扇状地の末端ではところどころで湧水がある．水が得やすい場所でありながら高台のために水害が起きにくいという利点から，縄文期以降しばしば集落が形成されてきた．

また中小の河川は，長い年月をかけて河岸段丘や谷津（やつ）（谷戸（やと）ともいう）とよばれる起伏に富んだ地形をつくってきた．こうした地形に応じて，段丘の平坦部や谷津との境界部には集落や農地がつくられ，斜面には森林が残された．その結果，狭い範囲で土地利用が入れ替わる複雑な景観が形成された．これは景観のモザイク性とよばれていて，里山の原風景をつくる鋳型の役割を果たしてきた．広大な平原を基調とする大陸では，こうした細かいスケールでのモザイク性が生じにくいのは当然といえる．

(3)　氷期から現代の気候変化

日本人が 3 万年以上前に日本に住み着いたころの気候は，いまのアジアモンスーン気候とはまるで違うものだった．たとえば本州の大部分はロシアのサハ

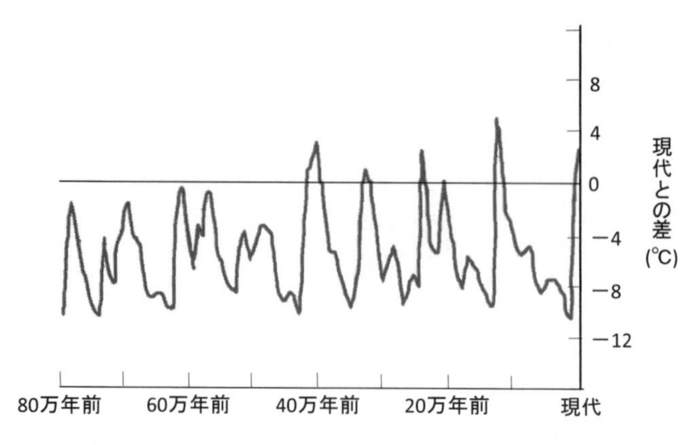

図 1.4　南極の氷に含まれる酸素の安定同位体比から推定した過去 80 万年間の気温の変動.
中川（2017）を改変.

リンのような気候で，目にする動植物の種類もまったく違っていたはずだ．その後，いかにしていまのような気候になったのか，そしてその背景要因には何があったのか，それを考えるにはもう少し長い時間スケールでの地球環境の周期変動に目を向ける必要がある．

人類が急速な進化を遂げた過去 100 万年間の地球環境は，およそ 10 万年周期で温暖あるいは寒冷な時期が大変動したことがわかっている（中川 2017；図 1.4）．遠い過去の気温の推定にはいくつかの方法があるが，南極の氷に含まれる酸素の化学分析が有名である．南極の台地には，100 万年以上もの長きにわたって堆積した氷床という分厚い氷があり，深い場所ほど昔の水が閉じ込められている．水を構成する酸素原子には重さ（正確には質量数）が異なる 3 種類がある．通常の酸素の質量数は 16 であるが，大気中には質量数 17 や 18 の酸素原子がごく微量に含まれている．重い酸素をもった水分子は蒸発しにくいので，蒸発水に由来する雨水は軽い酸素が相対的に多く含まれる．しかし温暖化が進むと蒸発量が増えて重い酸素も蒸発するため，雨水に由来する氷床には質量数 18 の酸素が増える．だから氷に含まれる質量数 18 の酸素原子の比率の高低で，温暖化や寒冷化の推定ができるというわけだ．

では 10 万年周期での気候変動はなぜ生じるのだろうか．実はこれには地球が太陽のまわりをまわる公転軌道が関係している（中川 2017）．惑星の公転軌

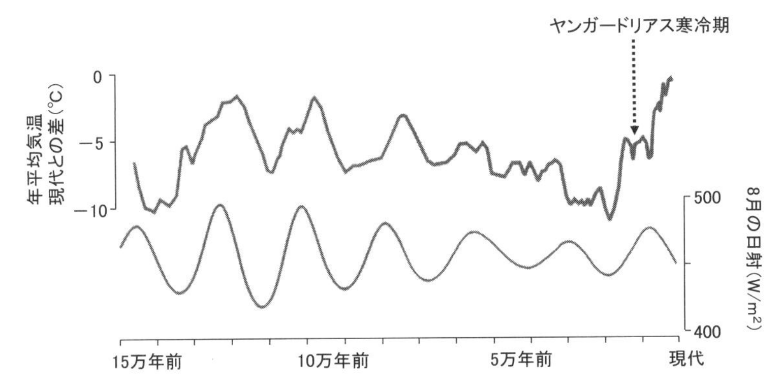

図 1.5 福井県水月湖の化石花粉データをもとにした過去 15 万年間の気温と夏の日射量の推定値.
中川（2017）を改変.

道が楕円になることはケプラーの法則として知られているが，時代によって扁平な楕円になったり円に近くなったりする．軌道が扁平な時代は，1 年のうちで太陽に近い日数が増え，夏の日射量が平均して多くなり温暖になるが，円に近いと太陽との距離が縮まらず寒冷になる．こうした公転軌道の形の変化がほぼ 10 万年周期で生じるので，気候もこれに引きずられて大変動するらしい．ただし，大気－氷床－地殻が相互作用することで，実際の気温はかなり複雑に変動しているらしい（Abe-Ouchi et al. 2013）．

一方で，10 万年よりも短い数万年や数千年の周期でも小規模な気候変動が観察されている．つまり氷河期であっても，短期的に温暖化する時期が頻繁に訪れていたことを意味している．その典型的なものは，2 万 3000 年周期の寒暖サイクルである（図 1.5）．福井県の三方五湖（みかたごこ）にある水月湖（すいげつこ）は，過去 15 万年以上にわたって大きな攪乱を受けていないため，湖底に 40 m 以上もの厚さの堆積物がある．この堆積物には，細かな縞模様からなる「年縞（ねんこう）」とよばれる層があり，そこに含まれている花粉を分析することで，当時の湖周辺の植生や気候を推定することができる（中川 2017）．寒冷期にはモミやカバノキの花粉がみられるが，温暖化につれてブナやコナラなどの落葉樹林，そしてスギや照葉樹が優占する林へと周期的に変化する様子が復元された．この 2 万 3000 年周期は，地軸（自転軸）の傾きの周期変動で説明される．太陽の方向に地軸が傾いている時期には，北半球の夏は暑くなるのである．

こうした公転軌道と地軸の周期変動が日射量の変動を生み，それが氷期と間氷期のサイクルをつくり出しているという考えは，ミランコビッチ理論とよばれている．だが，ミランコビッチ理論より短い時間スケールでの変化も数多い．その典型的なものは，縄文時代の温暖期がはじまった約1万2000年前に突如として現れたヤンガードリアス寒冷期である（図1.5）．この寒冷化は，温暖化によりもたらされたという逆説的な仮説がある．北米の氷床から溶け出した大量の淡水が大西洋の表層を覆い，海洋からの熱放射を妨げることで再度の寒冷化が起きたというのである．別の説として，彗星の衝突による寒冷化も提唱されているが（Kennett et al. 2015），この論争はまだ決着していないようだ．その背景はともかく，ヤンガードリアス寒冷期は人類の文明史の進歩に一定の役割を果たしたといわれている．それについては1.3節で紹介する．

ヤンガードリアス寒冷期はミランコビッチの周期に比べれば短いが，それでも1300年ほど続いた．それよりさらに短い間隔の気候変化もある．例として，18世紀の日本で起きた「小氷期」が挙げられる．これは平均にすると1～2℃程度の気温の低下であるが，東日本を中心に飢饉をもたらし，人口の停滞や江戸の幕藩体制の崩壊を早めたともいわれている．こうした短い周期での変動がなぜ起きたかについては，海洋の水循環や火山活動，隕石の影響など諸説あるが，定説はないようだ．いずれにせよ，人類が約20万年前に出現したあと，そして3万8000年前に日本列島に住みついたあとも，私たちの祖先はいまの環境からは想像できないような気候変動にさらされながら生き延びてきたことは間違いない．

こう書くと最近話題になっている地球温暖化などの気候変化は，地球の長い摂理からみれば実はたいした問題ではないのではないかと思う人がいるかもしれない．だが，それは2つの意味から正しくないようだ．

まず一点は，2万3000年周期のミランコビッチ理論からすると，どうも過去5000年間の気温は高止まりしすぎている（図1.5の右端部分）．つまり，地軸の傾きから推定される8月の日射量は，ここ数千年間で明らかに減少し続けているにもかかわらず，気温はむしろ高くなっている（中川2017）．南極の氷に閉じ込められた過去の大気組成を調べると，たしかにこの間，温室効果ガスで

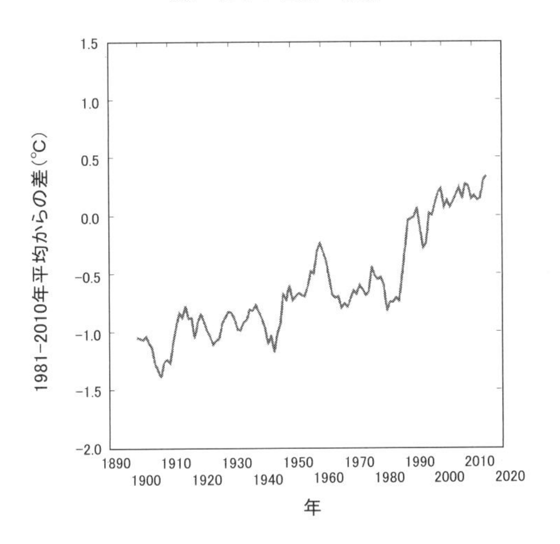

図 1.6　日本における過去約100年間(1898〜2017年)の気温変化.
5年間の移動平均値で示した. 気象庁「日本の年平均気温」を改変.

ある二酸化炭素やメタンが増え続けている. 少なくとも過去10万年間には, こうした気温と日射量の乖離は知られていないので, 乖離の原因は人間活動による影響と考えるのが妥当である. 実際, アジアにおける水田稲作の広がりやヨーロッパでの広範な森林破壊が起きた時期とも符合する. 水田はメタンを放出し, 森林破壊は二酸化炭素の吸収量を減らす. これら温室効果ガスの増加が数千年前から気温を高めていると考える学者もいる (Ruddiman 2006). 一般に温暖化は, 産業革命以降に急増した化石燃料の燃焼の結果として語られてきたが, それよりもはるかに前から人類は温暖化の原因をつくってきたのかもしれない.

もう一点は, よく知られた現在進行中の気温上昇である (図 1.6). この温暖化のスピードは, 過去数千年の上昇傾向に比べても一段と急激である. 1980年代から上昇傾向が続いているが, このまま何らかの手を打たないと2100年にはいまより平均気温が最大で5℃上がると予想されている. この温度差はいまの東京と奄美大島の差に匹敵するもので, わずか100年足らずで温帯が亜熱帯の気候に近くなるという劇的なものである. 過去数万年のあいだでも同レベルの突発的な気温上昇があったことが知られているが，私たちは歴史上まれにみる環境の激変にさらされる可能性があるのは確かであろう．

1.2　最終氷期から縄文時代の人と自然

(1)　気候変化と狩猟

いまから2～3万年ほど前の日本は，最終氷期の最寒冷期といわれるほど気温が低かった．この時期にはすでに人類が住み着いていたが，彼らは現代では絶滅したマンモスやヘラジカ，バイソン（北海道と本州北部）や，ナウマンゾウやオオツノジカ（北海道から九州まで）と共存していた（図1.7）．当時は海が後退して現在の間宮海峡も宗谷海峡も陸地化し，マンモスをはじめとするグループ（マンモス動物群という）は，ロシア沿海州からサハリン経由で北海道に渡来することができたらしい．だがより深い海峡である津軽海峡はこの時期も海だったので，マンモスは本州には渡来できなかったようだ．マンモス動物群のなかでもヘラジカは中部地方まで記録されている．津軽海峡の氷上を渡って本州に渡来したと思われる．一方でナウマンゾウは，大陸では中国北部と朝鮮半島が分布の北限だったので，朝鮮半島経由で渡来したと考えられる（高橋 2011）．絶滅したニホンオオカミの祖先もおそらく同じルートで侵入したと思

図1.7　最終氷期の日本に生息していたナウマンゾウ（左）とオオツノジカ（右）の模型（写真：野尻湖ナウマンゾウ博物館）．

われる．

最終氷期の最寒冷期の日本列島は，北部がいまのシベリアのようなツンドラ草原や針葉樹林であり，南部は落葉広葉樹林が中心だった．上記の動物群の分布は，こうした植生の分布の違いと対応している．この時代は人類史の区分では旧石器時代にあたる．人類は尖頭形石器とよばれる黒曜石や硬い頁岩を加工した石器を先端に装着した槍を使い，ゾウ類やオオツノジカなどの巨大哺乳類を狩猟していた．

やがて1万5000年くらい前から温暖期がはじまり，縄文時代に入った．最古の土器の出土を縄文時代のはじまりとすれば，1万5000年前から2500年前までが縄文時代であり，縄文時代は1万2000年以上続いたことになる．

縄文時代の中期には，東日本でクリやコナラを主とする落葉樹林が広がり，西日本には照葉樹林が広がっていた．森林の広がりは，人間にとって堅果類（ドングリ）という新たな食糧をもたらし，縄文文化を発展させた．一方で草原の衰退は，広大な草原で草をはむゾウ類やオオツノジカ，バイソンなどの巨大哺乳類を絶滅させたようだ．巨大哺乳類の絶滅には，温暖化による降雪量の増加もかかわっていたと考えられる．氷期というと，気温が低く降雪量も多いイメージがあるかもしれないが，いまのシベリアのように降雪量は少なかった．1万1000年前の縄文早期からはじまった温暖化による海水面の上昇は，それまで狭かった日本海を広げ，対馬暖流を引き込んだ．冬の季節風は暖かくなった日本海から大量の水蒸気を含むようになり，日本海側を中心に大量の降雪をもたらした．これが冬期の巨大哺乳類のさらなる餌不足をもたらし，絶滅へ追いやったと考えられる．

一方で，比較的小型のニホンジカやイノシシなどは，もともと森林にも生息できる生物である．いまでもニホンジカやイノシシは堅果類を餌にすることも知られている．それに対し，当時の巨大哺乳類は現生の近縁種と同様に大量の草本類を採食する．気候変化による植生の改変は決定的なダメージを受けたはずである．こうして巨大哺乳類がいなくなった縄文の生態系では，人類にとっての新たな狩猟対象はニホンジカやイノシシ，さらに小型のウサギなどになったと考えられる．

興味深いことに，最終氷期から縄文時代にかけて起きた環境変化とそれに伴

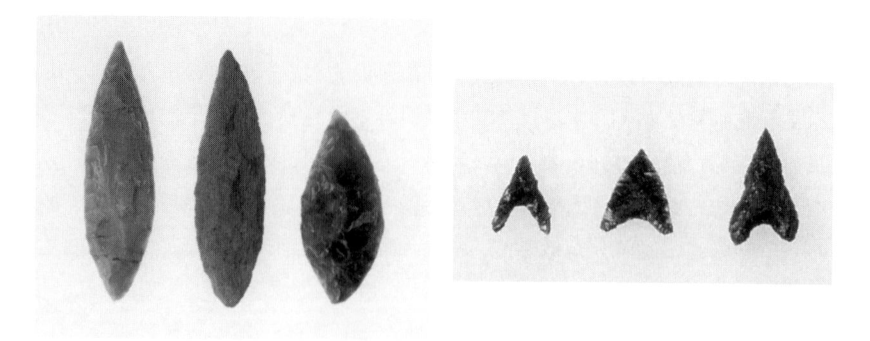

図1.8　旧石器時代の尖頭器（左）と縄文時代の石鏃（右）（写真：松戸市立博物館）．

う食糧事情の激変は，人間が使用する道具の変化にも表れている．それは土器と弓矢の発明である．

縄文時代のはじまりは文字通り縄文式土器の出現を起点としている．安田（2007）は，晩氷期から広がった落葉好樹林は，豊富な堅果類などの植物質の食物をもたらし，それが土器使用のきっかけになったと考えている．実際，縄文時代前期の土器は丸底や平底で，土器の表面には黒いスス状の炭水化物がびっしりついていることも多い．これは土器を食糧の煮炊きに使った証拠である．クリは別として，ナラやカシのドングリ，そしてトチの実は渋抜きをしないと食べられない．縄文土器は旧石器時代の大型哺乳類を中心とする肉食文化から植物食文化への転換に欠くことのできない日用品だったに違いない．

また弓矢の発明は，最終氷期から縄文期の温暖化による狩猟獣の変化を反映していると考えられている（安田 2007）．旧石器時代から縄文早期には，黒曜石や硬い頁岩を削った尖頭器とよばれる鋭利な石器が繁栄した（図1.8左）．これを棒の先にくくりつけてオオツノジカやナウマンゾウなどの巨大哺乳類を中心に狩っていたらしい．だが，縄文期になると遺跡から発見される石器は尖頭器から石鏃（せきぞく）とよばれる矢じりに変化していく（図1.8右）．興味深いのは，初期の石鏃は西日本の落葉樹林帯を中心に見つかっていることである．これは落葉樹林帯に多いニホンジカやイノシシ，ウサギなど動きが俊敏な哺乳類を狩るために開発されたものであろう．石槍は草原などの見通しのよい場所で動きが鈍い巨大獣を狩るには適していただろうが，森林をおもな住み家にし，動きが機

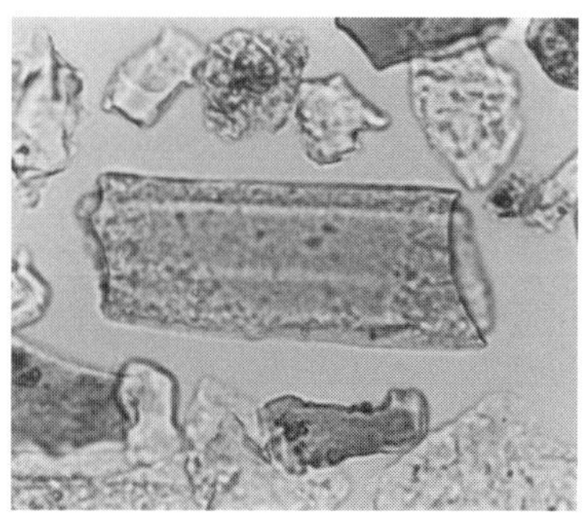

図 1.9　長野県霧ヶ峰の黒ぼく土（左）と吉野ヶ里遺跡から出土したイネの茎部起源のプラントオパール（右）.
写真：（左）須賀丈,（右）佐賀県教育委員会.

敏な中型・小型獣をとるには機動性の高い弓矢が適していたであろう．土器も石器も，先史時代を代表する道具であるが，その用途の背景には自然環境の激変があったのだ.

ところで，縄文時代の狩猟と密接な関連がありそうなものに「火入れ」がある．野焼きとか山焼きとよばれたりもする．国土の 17%の面積を占める黒ぼく土（図 1.9 左）は，おもに火入れによって形成されたと考えられている．黒ぼく土には植物体が燃焼してできた微粒炭が大量に含まれており，同時にススキなどイネ科草本に由来する植物珪酸体（プラントオパール，図 1.9 右）も含まれている．湿潤な日本では自然で発生する野火が広範囲で起きたとは考えにくいので，人間が意図的に火入れを行って草原を維持してきたと考えられている（須賀ほか 2012)．土壌に含まれる放射性炭素の測定から，黒ぼく土の起源は数千年～１万年前まで遡るようだ.

火入れの目的の有力な説として，野生動物の狩猟が挙げられている．最終氷期以降の森林の拡大は，人間にとって効率的な狩りができる草原的な環境を減少させたため，火入れで開放的な環境を維持してきたのかもしれない．狩猟の効率以外にも，草原はシカやイノシシなどの草食獣にとって餌となる草本類が大量に得られる環境である．当時の人々は草原環境が草食獣を増やすことを経験的に知っていたのかもしれない．オーストラリアの原住民アボリジニーも，数千年にわたって火入れによりワラビーなどの草食獣が好む新芽を維持してきたらしい（大塚2015）．ずっと時代を下った中世の阿蘇では，野に火を放って動物を狩る「焼き狩り」という神事が行われていた（飯沼2011）．その起源は縄文時代の火入れではないかという意見がある．

樹林への遷移が抑制され草原が維持されるためには，低温や乾燥など植物の成長に対する「ストレス」か，刈り取りや火入れといった「攪乱」が必要である．気候が寒冷な時代には低温というストレスが草原のおもな維持機構だったが，温暖化に伴い，火入れなどによる人為攪乱が主要な営力になったと考えられる．

(2) 海　の　幸

縄文時代には動物やドングリなどの森の幸だけでなく，海の幸も重要な食料だった．海や湖などの水域で魚や貝類をとることを漁撈（ぎょろう）という．当時の漁撈の様子を伺い知ることができるのが貝塚である．汽水域や沿岸に棲むシジミやサザエ，ハマグリ，マガキなどは貝塚でよくみられる．日本には3000を超える

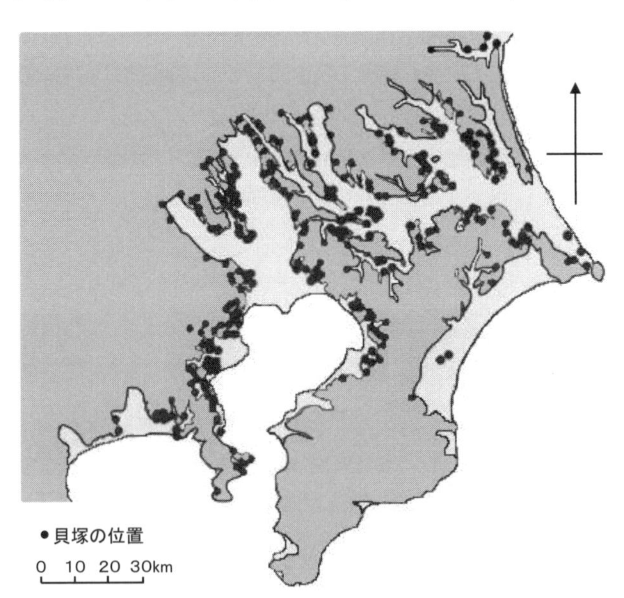

図1.10　縄文海進時の関東地方の陸と海の位置，および貝塚の分布．濃い色の部分が当時の陸地．
東木（1926）を改変．

貝塚があり，関東南部は貝塚が集中している地域である．温暖化が進んだ6000年前の縄文中期には，東京湾の内海が現在の荒川，江戸川，利根川に沿って数十kmも内陸まで侵入し，それに沿って多数の貝塚が形成された（図1.10）．貝塚には魚類の骨も多く，ブリ，タイ，クロダイ，スズキ，フグ，ウナギなどの沿岸性の種はもちろん，外洋に行かないととれないカツオやマグロなどの骨も見つかっている（内山ほか1997）．丸木舟や櫂，植物繊維で編んだ漁網など，現代の漁業にも通じる方法で海の幸を得ていたようだ．また縄文後期になると，骨製で返しのついた銛（もり）や釣り針など，かなり精巧な漁具が盛んに使われていた．沿岸に住む人々にとって，海の恵みは森の恵みをはるかにしのぐ豊かさだったに違いない．

縄文時代にはすでに草創期から内水面でも漁撈が行われていた．北海道や東北などいまでもサケが遡上する地域はもちろん，東京の多摩川の中流や長野県の千曲川の中流といった場所の遺跡からサケの骨が見つかっている（高橋ほか2006）．ただし，貝塚から見つかるほかの魚に比べるとその発見例は少ない．サケはほかの魚に比べて軟骨成分が多いため，遺跡に残りにくいのではないかと考えられている．実際は東日本のかなり広範囲でサケ・マスの漁撈が行われていた可能性が高い．

(3)　縄文時代の人口は？

文書のない時代の人口を推定するのは容易ではない．縄文時代にどれほどの人口がいたかはおもに遺跡の数から推定されている．1万年ほど前の縄文早期にはわずか2万人ほどだったが，6500年ほど前の中期には26万人とピークを迎えた（鬼頭2000）．しかし，その後減少を続け，5000年前の晩期には8万人以下まで落ち込んだらしい．この減少は一時的な気候の寒冷化が関与していると考えられている．

人口の最盛期である縄文中期には，全体の95％以上が東日本に集中していたらしい（鬼頭2000）．その理由は，落葉樹林は照葉樹林と比べ，堅果類（ドングリ）の生産量が数倍高いことが挙げられる．さらに，東日本には河川を遡上するサケやマスなどの回遊魚が豊富だったことも人口を支えた要因だったと思われる．つまり，東日本は海山とも自然の恵みが圧倒的に多く，それが東高西低の人口分布をもたらしていたと考えられる．以前は縄文時代というと，照葉樹林文化が栄えたという説があったが，むしろ落葉樹林文化が先に繁栄し，その後に温暖化による照葉樹林の発達とともに中国南部と共通する照葉樹林文化の要素が追加されたとの見方が有力になっている（安田 2007）．

1.3　水田稲作と文明の画期

(1)　文明の画期と停滞

縄文時代の晩期に減少した日本の人口は，やがてふたたび上昇に転じた．その原動力は，弥生時代に日本にもたらされた水田稲作によると考えられる．弥生時代は，もともと縄文時代とは形状が大きく異なる弥生土器の出現で特徴づけられていたが，文明の発展の観点からは稲作の普及が圧倒的な影響力をもっていた．

歴史学者の鬼頭宏は，日本には過去に4回の大きな人口増加の波があったとしている（図1.11）．最初は縄文時代前期，2回目は弥生時代から奈良時代，3回目は14世紀の南北朝期から17世紀の江戸前期，そして最後は19世紀から

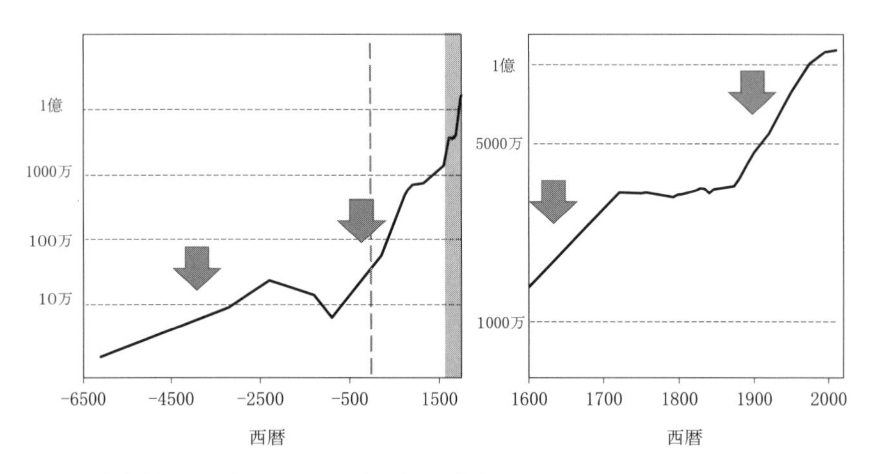

図1.11　縄文時代から現代にかけての日本の人口の推移．
右図は左図の灰色の部分を拡大したもの．矢印は4回の人口増加の画期を示す．鬼頭（2000）を改変．

現代である．この波はいずれも人間社会に起きた「画期」で説明されている．縄文前期は最終氷期のあとの温暖化に伴う狩猟採集社会の発展，弥生時代は水田稲作システムの構築，南北朝から江戸前期は経済社会システムの発展，そして明治以降は工業化である．画期という用語は普段あまり使わないが，画期的という言葉はよく使われる．本来は，「これまでとは時代を区切るほど目覚ましいさま」，あるいは「新しい時代を拓くさま」を画期的というが，実際はもう少し軽い意味で使われることが多い．

画期が訪れる前の時代には，文明や社会の停滞期がある．やや逆説的ではあるが，社会の行き詰まりや閉塞状態をもたらす停滞期にこそ，新たな技術開発や社会制度の変革が生まれることが多い（鬼頭 1996）．資源が豊かに存在し，人口の圧力が感じられなければ，既存の技術や態勢で十分であり，根本的な変革を求める機運が発生しえないからである．

画期は人口増加や社会の発展をもたらすが，それはやがて新たな停滞をもたらすことになる．文明と自然環境との関係性で決まる人口支持力には上限があるからだ．たとえば，最終氷期以降の温暖化は，人間が利用できる食物量を増加させる画期であった．だが獲得できる食物量は，自然界に存在する資源量と人間の採集技術から制約される．その上限に近づくと人口成長にブレーキがかかり，やがて停滞する．それは文明の成熟ととらえることもできるが，成長の限界でもある．そのタイミングで気候条件の急変が訪れれば，飢饉や社会不安，動乱などが起き，人口減少が起こることになる．

こうした画期→停滞→画期のくり返しは，生態学のロジスティック成長のモデルを拡張することで説明できる．ロジスティック成長は，マルサスが主張した人口論をより現実的に修正したものであるが，生物一般の個体数変動を記述する基本モデルとして有名である．ロジスティック成長では，初期には人口はネズミ算的に増加するが，増加率はしだいに鈍化し，やがては増加率がゼロになる．これは人口の時間変化がＳ字型の成長曲線を描くことを意味する．人口の上限の値は環境収容力とよばれる．人間以外の生物では，通常こうした個体数の停滞を打破することはできない．だが人間には知性や創造力があり，環境からの圧力や限界を何らかの手段で克服して道を切り拓くことができる（図 1.12）．まさに画期をつくり出す能力があるのである．鬼頭のいう人口増加の波

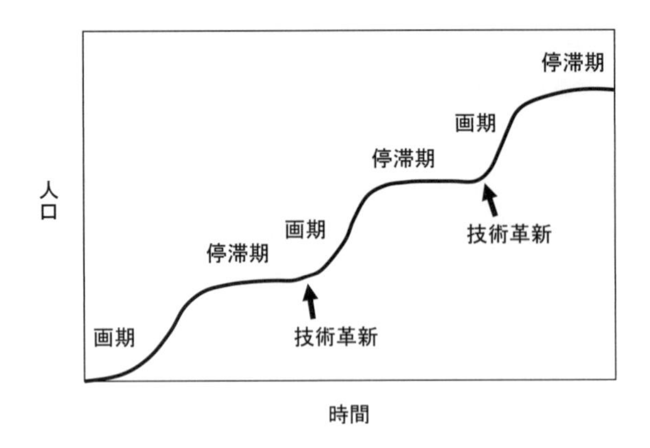

図1.12　文明の画期と停滞のダイナミズムを表す模式図.

は，こうした新たな画期によりもたらされた.

では弥生時代に画期をもたらした水田稲作はいつどのようにして日本で起きたのだろうか．これを考えるには，世界の稲作の起源をひもとく必要がある.

(2)　稲作の起源は？

人類の農耕は，いまから1万3000年から1万1500年前のヤンガードリアス寒冷期にはじまったと考えられている（図1.5；安田1996）．この時代は最終氷期が終わって温暖化がはじまったにもかかわらず，一時的に地球が寒冷化し，当時発展していた狩猟採集社会に大きな影響を与えたらしい．その環境変動に対処すべく，農耕が開始されたと考えられている．中東のメソポタミアでの野生ムギの栽培化，黄河地域ではじまったアワやキビなどの雑穀の利用がそれに該当する．そしてイネの栽培も中国の長江流域で1万年ほど前にはじまったとされる（宇田津2013）．これは土器とともに野生種のイネよりも丸みを帯びた籾殻が見つかったことを根拠としている．だが同時に旧石器時代の流れをひく打製石器なども多数見つかっているので，イネの栽培は狩猟や採集の補完的な役割程度であったと考えられる.

本格的な水田稲作を証明する水田の遺跡は，約7〜8000年前の中国長江流域にある彭頭山（ほうとうざん）遺跡，河姆渡（かぼと）遺跡，草鞋（そうあい）遺跡，跨湖橋（こときょう）遺跡などである．このうち河姆渡遺跡では，400 m^{2}の範囲内に大量のイネの茎や籾が堆積しており，脱穀用の臼なども出土しているので，ある程度完成された稲作が行われていたらしい（木村 2010）．草鞋遺跡では自然の谷部を拡張した小面積の水田ではあるが，すでに畦畔や水田に水をとり入れる水口など，現在の水田とも共通する基本構造がみられる．さらに跨湖橋遺跡では，花粉と微粒炭の分析から，ハンノキ林を焼き払って水田を拓いたことが示唆されている．しかし，これら水田遺構は規模が小さく，稲作中心の農耕文化というよりは，狩猟や採集，漁撈も含めた複合的な文化だったと思われる．本格的な水田稲作が広がったのはもう少しあとの 5000 年ほど前の時代のようだ．浙江省の良渚文化期には，集約的な稲作が行われていて，灌漑設備や収穫用の石鎌，田起こしに用いる石の犂など多数の農具が見つかっている（宇田津 2013）．

ところで稲作の起源については，以前は雲南省やインドのアッサム地方など，より南方地域が有力視されてきた．その主たる理由は，東南アジアやインドの建造物のレンガ中に，補強材として稲わらや籾が大量に使われていたことによる．この説は当時の文化人類学者たちが唱えた照葉樹林文化との地理的な整合性が高く，水田稲作は焼き畑による陸稲栽培を起源とすると考える研究者からも支持された．しかし，中国長江で見つかった水田稲作のさまざまな証拠は，レンガの補強材としての証拠よりも明らかに時代が古く，むしろいまでは長江流域から南方へ稲作が伝播したとされている．

(3)　日本の農耕と稲作伝播

昔の通説では，縄文時代の人々は狩猟と採集で暮らしていて，弥生時代になって稲作を中心とする農耕がはじまったという明快な図式が一般的だった．だが，いまではこの 2 つの時代は漸進的であるとされ，縄文時代でも食糧確保のために植物の栽培が行われていたことに疑いを差しはさむ人はいない．縄文遺跡から発見されている雑穀類は大麦，ヒエ類，アワ，キビ類，ソバが多いが，米も少なからず確認されている．ただ縄文時代の後期や晩期に見つかる米は，水田遺構をともなわないので，陸稲を畑で小規模に栽培していたものと思われる．この時代には畑作物の一種としての地位しか占めていなかったと考えられ，稲作文化の源流とみなすことはできない．

日本国内で現在確認されている最古の水田稲作は，約 2500〜3000 年前の縄

図 1.13　日本最古といわれている佐賀県菜畑遺跡の水田遺構（写真：唐津市末盧館）.

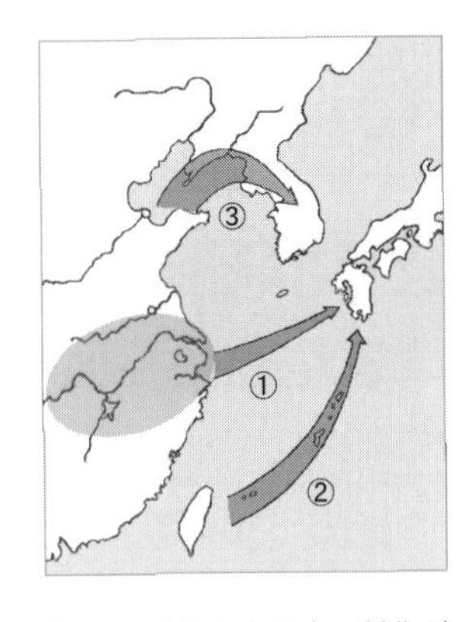

図 1.14　大陸から日本へ稲作が伝播したと想定される3つのルート.
中国大陸東部の灰色の部分は，水田稲作が発祥したと考えられる地域．宇田津（2013）を改変.

文時代晩期の福岡県板付遺跡と佐賀県の菜畑遺跡である（木村 2010；図 1.13）．すでに水路などの灌漑設備をもち，木製の農具や脱穀器具も見つかっている．中国の長江流域の最古の水田遺構がつくられてから遅れること 5000 年以上である．以前は稲作の日本への伝播は 2300 年ほど前と推定され，これが弥生時代の開始とされていた．したがって，縄文晩期の水田遺構が発見されたことで，弥生時代の開始を縄文晩期にまで遡って定義しなおすべきという意見もある．

日本へ稲作が伝わった経路は，これまで大きく分けて3つが提案されてきた（図 1.14）．中国長江から東シナ海を横断して直接伝播した経路（①），琉球列島を島沿いに経る経路（②），山東半島から朝鮮半島南部を経由するもの（③）である（宇田津 2013）．農機具の特徴などから，現在では山東半島から朝鮮半島南部を経由して北九州へ入ったとする説がもっとも支持されている．琉球列島には10世紀になるまで稲作の形跡はないので，東シナ海経由は現実的ではない．

ところで，長江から水田稲作が各地に伝わった契機については興味深い考察がなされている．中国古代史で有名な春秋戦国時代の動乱は，『三国志』の数百年前の出来事として日本でも有名である．この時代の強国であった楚に滅ぼされた越の人たちが朝鮮半島経由で日本に渡来し，稲作を伝えたという説がある（池橋 2005）．越は長江の下流部にあり，当時は稲作がすでに広汎に広がっていたことや，日本での稲作の開始時期と一致することからこの説は一定の説得力がある．すでに述べた良渚文化はのちの時代で越の支配地域にあり，稲作発祥の地の 1 つでもある．

越の人たちは北方だけでなく，大陸の沿岸伝いに南方へも四散したらしい．それに伴って稲作はベトナム北部からタイにかけて伝播したといわれている．いまでもタイ北部などインドシナ半島の言語は，越の言葉と共通点がある．さらに，人間の Y 染色体に含まれる遺伝子でもそれを支持するデータがある．つまり日本と朝鮮，ベトナムなどで O1b2 という共通の Y 染色体上の遺伝子がみられる一方，漢民族や縄文人では発見されていない．しかし，稲作伝播と時代的な整合性があるかなど不確実な面もあって，遺伝子を根拠としてとりあげる人は多くない．

弥生時代の水田稲作の開始は，当時の人口構造に大きな影響を与えた．縄文晩期に衰退した人口は，速やかに増加に転じ，紀元前後には 60 万人近い水準に達したと考えられる（鬼頭 1996）．中東や中国など，古代文明の先進国に遅れること数千年後に，日本でもようやく「食料革命」による本格的な人口増加が起きたのである．食料革命というと，第 2 次大戦後の途上国で起きた「緑の革命」を思い起こす人もいるだろうが，これは化学肥料や農薬，品種改良などの農業の集約化がもたらしたもので，質的にも量的にも次元が異なる．だが，文明の大転換という点からすれば，むしろ弥生期から数百年の農業革命こそが真の食料革命の時代といえよう．

食料革命は日本国内の人口分布も一変させた．縄文時代の人口は圧倒的に東日本が優勢だったが，弥生時代には西日本と東日本の人口比がほぼ同等になった．稲作に適した温暖な気候が，堅果類やサケに恵まれない西日本のハンディを克服したからであろう．これは畿内で大和朝廷が成立したこととも無縁でないに違いない．

1.4　古代から中世：自然と社会の基盤の形成

(1)　水田稲作の発展

弥生時代の水田は，基本的に小規模なものだった．谷部の縁や段丘の脚部などの傾斜地では1枚の水田の一辺が数mにすぎないが，河川の後背湿地のような平坦部では10m以上のやや大きな区画がつくられた．だが，5世紀以降の古墳時代には畿内を中心に5km以上にも及ぶ灌漑水路やため池が各地につくられるようになり，沖積平野の一部や盆地などに水田が広がった（木村2010）．また水田の代掻き（田植え前の水を入れた水田の土を砕き地面を平坦にする作業）のための牛馬耕がはじまると，大型の犂を使った耕作が行われたために水田の規模も大きくなった．

日本列島における初期の水田の様子をうかがい知るうえで，『古事記』や『日本書紀』に興味深い記述がある．『日本書紀』にはアマテラスオオミカミの水田である「天狭田（アマノサナダ）」と，スサノオノミコトの水田である「天川依田（アマノカワヨリタ）」という2通りの水田が出てくる．前者は，狭い田であるが「霖旱（ながめひでり）に経ふと雖も，損傷はるること無し」すなわち水に恵まれて安定した収量が見込める水田として説明されている．一方，天川依田は，川に近い水田であり，「雨ふれば則ち流れぬ．旱れば則ち焦けぬ」すなわち水害や干ばつにあいやすい水田として説明されている．天狭田は谷津や山の谷筋などの湧水の豊富な場所の水田，天川依田は大河川の氾濫原の水田と考えると整合性がある．さらに，『古事記』や『日本書紀』ではアマテラスの水田に嫉妬した弟のスサノオが，「廃渠槽（ひはがち），埋溝（みぞうめ），毀畔（あはなち）」という大罪を犯すという対立が描かれる．またスサノオは，水害をもたらす川の象徴とされるヤマタノオロチを退治し，クシナダヒメ（奇しい稲田の姫）を娶る物語もある．これらは，良好な農地をめぐる部族間の対立や，治水による水田開発の物語として解釈することができるだろう．

律令制度がはじまる飛鳥時代の後半以降になると，水田の拡大が国の制度として奨励されるようになる．最初のものは飛鳥浄御原令とそれに続く大宝律令である．戸籍をもつ成年男性には2反（約20a），女性にはその3分の2の面積の水田を天皇から与えられ，そこから一定の租を徴収するという制度である．

さらに奈良時代初期の722年には百万町歩の開墾令が出された．百万町歩は約100万haで，現代の全国の水田面積の40％に相当する膨大な面積である．この開墾令では，水田を開墾した者には税の免除や勲章を与えるというインセンティブを与えていた．その後，開墾した水田を一定期間の私財として認める法律（三世一身の法）や，子孫まで永久に私財として認める法律（墾田永年私財法）が出された．だが，開墾が財力のあるものに限られたことやその後の私有地化が進み，国があてにした税収の増加にはあまり効果がなかった．また，当時の土木技術や労働力からして実際に開墾できる面積には限度があり，100万町歩の水田が実現するのは，はるか1000年近くも先の江戸時代まで待たねばならなかった．

(2)　平安期の停滞

平安時代は，飛鳥時代や奈良時代とあわせて日本の古代を形成している．単純な時代の長さでは日本史のなかで最長で，江戸時代の370年をしのいで400年間も続いた．奈良時代の文化は中国（当時の唐）の影響を色濃く受けていたが，平安時代は国風文化とよばれる日本的な美しさをもった成熟文化が誕生した．かな文字の発明，女流文学，各種の和歌集や日記文学，平等院をはじめとする寝殿造りの建物など，枚挙にいとまがない．だが文化の成熟とは裏腹に，統治や社会情勢は非常に不安定だった．律令制がしだいに機能不全に陥り，貴族や寺社が個人所有する荘園が発達した時代である．

私的領地である荘園を守るために組織された武士団がやがて力をもちはじめ，畿内から遠く離れた東国ではとくに勢力を広げるようになった．10世紀なかばから11世紀にかけては，関東から東北にかけて，平氏や源氏，奥州藤原氏を交えた幾多の騒乱が起こり，一時的ではあるがなかば独立国家のようなものもできた．やがて源頼朝により，朝廷から独立を勝ち得た鎌倉幕府ができあがることになる．

平安時代の混乱と終焉には，末法思想がその背景にあった．これは仏法の予言に由来する科学的に根拠のないものだが，当時の社会情勢や頻発した自然災害からすれば真実味があったのだろう．荘園制による私有地の拡大，寺院の横暴や腐敗，夜盗の横行，武士の反乱という社会問題に加えて，干ばつによる飢饉や疫病の蔓延，富士山の噴火などの自然災害の影響も強かった．先年起きた東北大震災でクローズアップされた三陸貞観地震も平安中期に起きたものである．

奈良時代後期から平安時代は，古代の温暖化の時代にあたり，それが異常気象を引き起こしたらしい．資料だけでなく，屋久杉の年輪にも刻み込まれている．炭素の安定同位体の分析によると，奈良時代末の8世紀後半から急激な温暖化が進み，9世紀になると気温が3度近く上昇したらしい（吉野2009；図1.15）．この気温上昇と並行して，干ばつと風水害の件数も劇的に増加した．桓武天皇が長岡京をわずか10年で引き払って平安京に遷都したのも，干ばつによる飢饉や疫病の流行が原因といわれている．この時代の疫病で目を引くのはマラリアである．当時の温暖化は，本来は亜熱帯地域で蔓延するマラリアの流行をもたらしたらしい．『源氏物語』の「若紫」にもマラリア感染からの発病と思われる「おこり」の流行の記述が見受けられる（牧2012）．平清盛の死因がマラリアとの説も古くから有名であるが，発症時期が蚊がいない冬だったことから

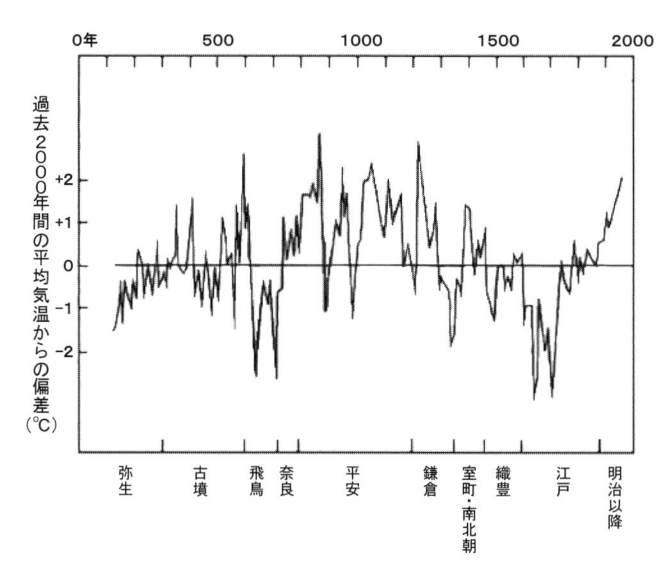

図1.15　屋久杉の年輪の炭素同位体比から推定された古代から近世にかけての気温変動．
吉野（2009）を改変．

症状の似た髄膜炎だった可能性が高いようだ.

こうした不安定な世情を反映して，弥生から奈良時代には日本の人口は10倍近く増えたのに対し，平安時代は350年ものあいだでわずか20%ほどしか増加していない.

(3)　東国武士団と草地

この時期，東国の武士団が組織した軍事力を支えていたのは，軍馬の生産，関東内陸に入り込んでいた内海での海運，鉱山からの金の産出が挙げられる（網野2008）．とくに関東から東北に広がる広大な原野は，良馬を産み出す牧（まき）（放牧地）として使われていた.

縄文期以降，草地は火入れにより維持されてきたが，古墳時代あたりから放牧地として利用されるようになった．中世には国司牧や勅使牧とよばれる牧が各地にあり，やがて武士が利用する牧へと変遷していった．牧は馬を養育する場としてだけでなく，大規模な狩りの場としても重要だった．源頼朝が幕府を開いた直後に，富士山，浅間山，那須の山麓で大規模な牧狩りを行ったのは，権威の誇示や軍事教練として意味があったようだ．時代が下って戦国時代の武田氏が，当時世界最強ともいわれた騎馬軍団を組織できたのも肥沃な牧の存在があったからだ.

これら牧の分布は黒ぼく土の分布とよく一致している（図1.16）．黒ぼく土

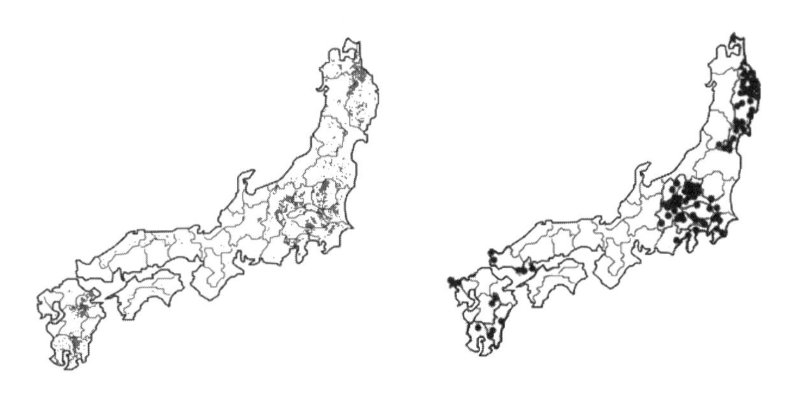

図1.16　黒ぼく土の分布（左）と古代から近世にかけての牧の分布（右）．渡邊（1992）を改変.

は人間の火入れで形成されてきたと考えられているが，もとは噴火による火山灰土壌がベースになっている．火山灰土壌には植物にとって必須な元素であるカリウムやカルシウム，マグネシウムなどが多量に含まれているうえ，イネ科植物の茎や葉を頑丈にするケイ素も多く含有している（平舘 2016）．イネ科植物をおもな餌にする馬にとって，黒ぼく土は良質の餌を多量に提供する格好の場であったに違いない．良馬が東国で生産されたのは火山の恵みにほかならない．

弥生時代に東日本に追いついた西日本の人口は，平安時代末期になるとふたたび東日本に抜き返された．これには畿内を中心とした西日本で飢饉や疫病が流行したことも影響しているだろうが，東国の草地や耕作地の開発が人口を底上げしたらしい（鬼頭 2000）．

ところで日本には馬の在来種はいないとされている．草地環境が広がっていた旧石器時代には骨が見つかっているが，縄文時代の森林化で絶滅し，その後古墳時代に大陸から導入されたようだ．『魏志倭人伝』にも倭の国（日本）には馬や虎がいないと記載されている．縄文や弥生時代の貝塚から馬の骨が見つかった例もあり，一時は在来種が生き残っていた可能性も指摘された．だが放射性元素の分析によると，それらはのちの時代に混入したものだったらしい．

コラム1　馬肉食の文化

最近は居酒屋で馬刺しがある店は少なくないが，それでも一般家庭で馬肉を食べることはまずない．日本では，もともと熊本，長野，青森，福島などで馬刺しを食べる習慣があった．これらの地域は，少なくとも江戸時代末期までは広大な牧が広がっていて，それが馬肉食の背景にあったのは間違いない．だが，日本人は馬を好んで食べる民族ではなく，飢饉のときにまれに食べる程度だったようだ．その証拠に，馬肉には毒があるという言い伝えがあった．もちろん実際に毒があるわけではないが，忌むべき習慣を定着させないための言い伝えだったのだろう．馬は戦乱時には軍馬として欠くことのできない存在であり，平時は農耕や荷駄を運ぶ担い手としてきわめて重要な役割を果たしていた．また，馬の糞は牛に比べて栄養価が高く，厩肥の供給源としても重宝されていた．海外でもフランスをはじめ，馬肉食はないわけではないが，日本以上にめずらしいようだ．実益以外にも，人間との距離感の近さも馬肉食の忌避に関係していそうである．

馬肉の食べかたといえば，生肉にショウガを添えて醤油で食べる馬刺しがすぐに思い浮かぶ．筋繊維が太く脂肪分が少ない赤身肉は，美容にもよいとされる．刺身だけでなく，ほかの肉と同様に鍋やすき焼きなどで食べることもある．だが，馬の腸を煮込んで食べる地域もある．長野県の伊那谷では，馬の腸を煮込んだものを「おたぐり」とよんでいる（図）．馬の腸は長大で，それを手でたぐるようにして塩水で洗う作業からその名がついたらしい．たわしを使って洗うことが多かったようだが，飯田市のおたぐりを出す店で聞いた話では，以前は洗濯機で洗っていたという．味つけはふつうのもつ煮とだいたい同じで，本来は臭みがあるのだが，洗浄や煮込みが徹底してほとんど感じない．値段が安いため，昔はいま以上に伊那谷の庶民にはなじみ深いものだった．著者（宮下）の実家は，飯田駅から2つめの伊那上郷駅（無人駅）からほど近かった．昭和40年代前半には，この駅のすぐ脇に「おたぐり屋」があった．小学校の同級生がそこの息子だったこともあり，店の外景をぼんやりと覚えている．ほかに店もない田舎の駅だったが，仕事帰りの人が寄っていたに違いない．その店はほどなくなくなったが，いまでも飯田駅の近くに別の店があって，地元の人はもちろん，旅行者にも人気がある．地域の食文化として，観光資源の1つとして見直されている．

図　馬の腸を煮込んだ「おたぐり」．

(4) 室町時代の上げ潮

平安時代に長いあいだ停滞した日本の人口が，その後の中世とよばれる鎌倉から室町時代にかけてどう変化したかは不明な点が多い．飛鳥から平安時代は，後半に律令制が揺らいでいたとはいえ，それなりに資料があり人口推定が可能であった．だが鎌倉時代からはそうした統治体制が崩壊し，豊臣秀吉による全国的な検地が行われるまでの長きにわたって，人口についての資料がない空白の時代だった（鬼頭 2000）．平安末期の 680 万から豊臣時代の 1200 万の人口差を見れば，かなりの人口増加があったことは明らかであろう．だが，これは鎌倉時代からの増加というより，南北朝あるいは室町時代のはじめを起点とする社会変革による人口増加と考えられている．

社会変革をもたらした原因には，米から貨幣中心の経済への転換，それによる商業の発達，自治組織としての惣村の確立などが挙げられる．どれも律令制から続く中世の閉塞状態からの解放であり，近世型社会の土台となった．このうち惣村については少し詳しく説明する必要があるだろう．惣村は鎌倉時代末期に誕生した百姓の自治的な共同組織である．それまでの百姓は，荘官や郡司などの支配下に従属し，その住居は農地とセットで散在していた．だが荘園制の崩壊によって力をもちはじめた百姓は，しだいに相互が集合して自治組織としての集落を形成するようになり，現在の農村集落の原型を形づくることになった．惣村は地域社会でさまざまな役割を果たしていた．年貢の共同納入，水路や道路の建設，入会地（薪や肥料にする草木を採取する山野）の管理，侵略者からの防衛，そして領主に対して年貢の減免や債権の放棄を求める共同訴訟などである．室町時代後期になると，惣村が基盤となって守護大名に実力行使を行う土一揆も起きた．

室町時代には現代農業の基盤もつくられている．1つは西日本を中心とした二毛作の発達である．ムギを秋にまいて翌春に収穫し，イネを初夏に植えて秋に収穫する二毛作は，この時代に広がりをみせたらしい（木村 2010）．なかにはイネ→ソバ→ムギの三毛作の記録もある．多毛作は水田と畑の転換であり，いわば湿地と乾燥地の切り替えが必要になるので，水を自由に操作できる取水と排水の技術の進歩があったに違いない．さらに多毛作を維持するには，土地からの多量の養分収奪を埋めあわせるための十分な施肥が必要になる．人糞尿だけでなく，野山から採取した草や柴を水田に敷きこんだり，草や柴を燃やした灰をまいたりして肥料にした．山野から水田への肥料の投入は，やがて江戸時代の大規模な水田開発で大きな環境変化をもたらすことになる．

農業の集約化には水田の灌漑施設のための水路網の発展が不可欠である．河川から用水を引き込み，長大な水路網の建設がはじまったのは室町時代からのものが多い．関東，中部，近畿にはこの時代に開拓された水路が各地にあり，台地上や段丘面など水の得にくかった乾燥地帯でも水田が発展する基礎をつくった．この時代に築かれた水路が基盤となり，数百年の長い年月をかけて現在みられる水路網ができあがった．こうした大規模な工事は莫大な労働力が必要である．室町時代に発展した惣村が果たした役割は大きいといわれている．

1.5　近世：農業社会の発展と限界

(1)　江戸期の水田開拓

社会が安定し土木技術が進歩した江戸時代前期は，目覚ましい人口増加と水田開発が行われた．江戸幕府が開かれる直前の1600年の人口は約1200万人であったが，享保年間の1720年には3100万人にまで増えている（鬼頭 2000）．この3倍近い増加は，年率に換算すると0.78%になり，人口爆発といってもよいレベルである．だがその後の人口は打って変わって伸び悩み，明治初期まで3000万人前半の人口で停滞することになる．

江戸前期の人口の急増は新田開発による食糧生産の増大に負うところがきわめて大きい．水田と畑を含む耕地面積は150万町歩から300万町歩にまで倍増した（武井 2015，山崎 1996）．この拡大は，江戸時代になると大河川中流域の氾濫原，下流域の三角州，そして河口の干潟などに水田開発が及ぶようになったためである．大河川が多い東日本でその傾向は強く，徳川家康は利根川や荒川，渡良瀬川など，これまで洪水にさらされていて手がつけられなかった水系の治水工事にとりくんだ．

それまで東京湾に流れ込んでいた利根川が銚子から太平洋につながったのは，この大工事が発端になっている（図1.17）．東北の北上川も伊達政宗の時代に，河口を石巻湾につけかえて仙台平野に広大な水田を開拓している．またいまは日本一の米どころである新潟平野は，昔は信濃川が始終氾濫する大湿地

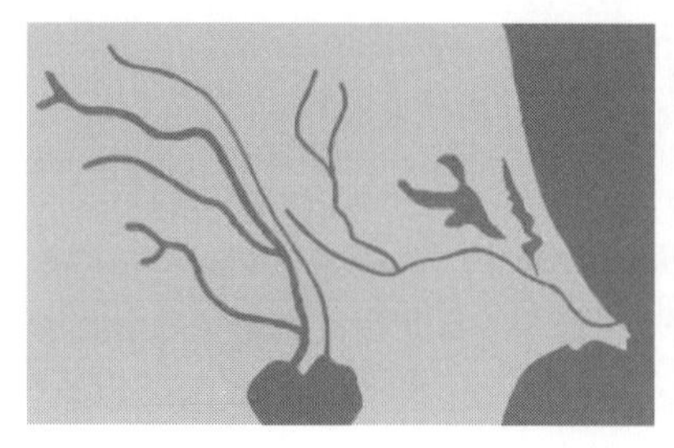
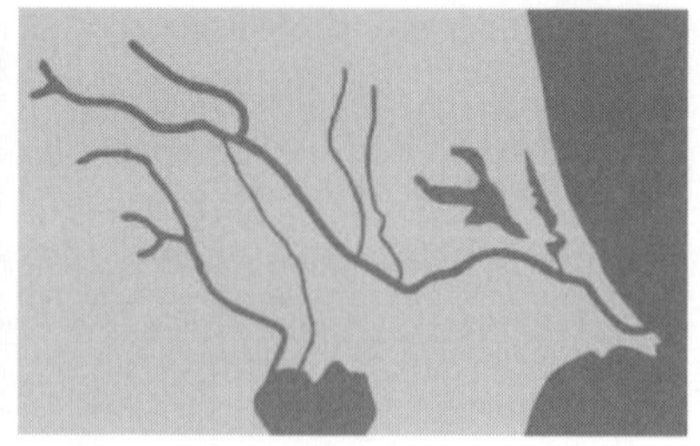

図1.17　江戸時代初期（左）と現在（右）における南関東の主要な河川の変遷．
小規模な河川省略，また霞ケ浦や利根川下流域の水域は現在の状態で表している．
http://www.minumatanbo-saitama.jp/outline/history.htm（2019年3月22日確認）
を改変．

帯であり，潟とよばれる大きな沼地が点在していた．江戸時代になると新発田藩が中心になり，氾濫原の水抜きのための信濃川の流路のつけかえや，小規模な分水路の整備を進めた．ただ度重なる氾濫などを抑制することは難しく，いまのような安定した水田景観ができあがったのは20世紀のことである．

江戸前期の水田開拓は，戦国大名が自国の河川の堤防や道路建設，築城，鉱山開発で培った土木技術に依拠している．武田信玄が南アルプスから甲府盆地に流れる釜無川に信玄堤とよばれる大規模な堤防を築いて治水を行ったことは有名である．豊臣秀吉が美濃の斎藤氏攻略の折に墨俣城を一夜で築いたというのは後世の創作であるが，備中高松城の水攻めでは長さ4 km，高さ5 mの堤防をわずか2週間足らずでつくりあげたのは事実のようである．金銀の鉱山採掘においても掘削技術はもちろん，それに伴って出る多量の水を処理する排水技術も新田開発で大いに役立ったらしい（山崎1996）．

(2)　社会形態の変化

江戸前期の人口増加は，水田など耕作地の開発による食糧増産と関係していたことは想像に難くない．野生の生物では，餌が増えれば個体数が増えるのはある意味で自明である．人間の場合も，文明がまだ未発展の状況では大きな違いはなかったはずだ．だが，いまの時代を考えればわかることだが，人間社会はもう少し複雑である．経済発展が必ずしも人口増加をもたらすわけではなく，むしろ先進国で人口減少していることからすればその逆もありうる．江戸時代の人口増加はたしかに農業の発展が主要因ではあるが，社会システムの変化も少なからず関与していた．

江戸前期には世帯構造に大きな変化がみられ，17 世紀前半から 18 世紀にかけて世帯あたりの人数が大きく減少する一方で世帯数は大幅に増加した．それまでは世帯内には隷属農民（下人など）や傍系親族（戸主の叔父や兄弟）が少なからず含まれていたが，江戸時代になるとしだいに直系の親族で構成される世帯が増えてきた（鬼頭 2000）．一般に隷属農民や傍系親族は晩婚で一生独身の場合も少なくなかったので，これらの人々が独立して世帯をつくることで婚姻率や婚姻年齢が早まった．また残された隷属農民の既婚率もしだいに高まったことも出生率の増加につながったと思われる．

さらに，食生活の改善により平均寿命が高まったことが人口増加をもたらしたことも重要で，江戸前期の 100 年間で平均寿命は 5 歳以上延びた（鬼頭 2000）．もっとも寿命の増加には食事情の変化だけでなく，木綿などの普及による衣服や寝具の改善や，医療の進歩もあったに違いない．

(3) 水田を支える山野と牛馬

近世の水田の増加を土地利用の転換の観点からみれば，沖積平野の氾濫原や三角州，あるいは水の得にくい台地上の荒れ地や林が大規模に水田に転換されたことは確かであるが，事はそれにとどまらない．水田稲作を継続するには，米として収穫された養分（つまり水田外にもちだされた養分）を水田に補充するために毎年相当量の施肥が必要になったからだ．第 2 章で詳しく述べるが，水田稲作は畑作物に比べて生産性が高い分，余計に施肥が必要になる．もちろん，二毛作を行えば土壌中の栄養塩の消費はさらに進むから，施肥量をさらに多くしなければならない．水田稲作の広域化と集約化は，肥料をいかに確保するかという大きな問題に直面することになった．

水田の肥料源は，古来より周辺の山野から採取した草木に依存していた．草木の葉を直接田んぼに敷きこむ緑肥（刈敷），草木を燃やして灰にした灰肥，落葉などを腐らせた堆肥，牛馬の糞と稲藁を混ぜた厩肥などである（図 1.18）．このうち刈敷の起源は古く，少なくとも奈良時代の書物に緑肥の投入の記録がある．また京都の北東にそびえる比叡山は，12 世紀ごろから山域全体が草地

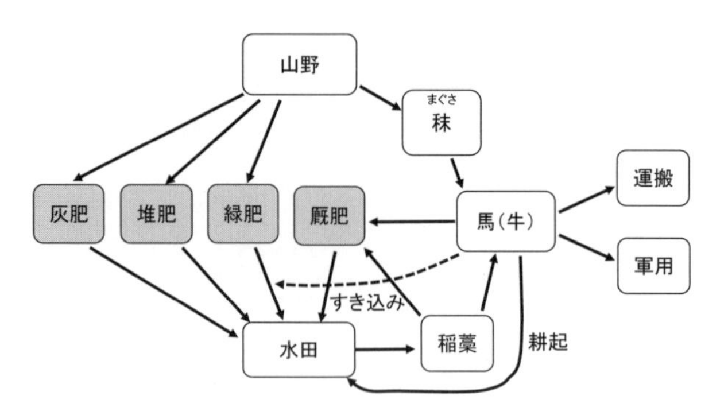

図 1.18　水田に供給する肥料の種類とその由来，および馬（牛）の人間社会への役割．
点線は馬（牛）を使ってすき込みを行ったことを示す．

的環境だったようだ（小椋 2012）．薪炭の利用に加えて，刈敷のための草木の採取がすでに都では盛んに行われていたためだろう．山野からの資源の搾取が全国規模で顕在化したのは，水田が急増した江戸時代であるのは間違いない．

これら肥料のうち，厩肥は栄養分豊かで速効性が高かった．とくに馬糞は牛糞に比べて未消化の有機物が多く，発酵の温度が高いため，重宝されたようだ．まだ機械のない時代，牛馬は水田の耕耘に使われたほか，水田内を歩かせて草木を敷きこむ刈敷（牛馬による刈敷を蹄耕ともいう），そして馬については物資の運搬や軍用としても活躍していた．むろん，その餌は山野から採った秣(まぐさ)である．当時，牛馬（とくに馬）は山野と水田そして人間社会をつなぐ中心的存在だったのである（木村 2010；図 1.18）．

では水田稲作を持続的に維持するには，どれだけの山野が必要だったのだろうか．18 世紀の信州松本藩の記録によれば，水田の 10 倍の面積の山野が必要だったらしい（水本 2003）．これには刈敷で敷きこまれる緑肥だけでなく，牛馬の餌（秣）として必要な草の量も含まれているが，牛馬の糞も結局厩肥として水田の肥料になるのだから，肥料源として水田の 10 倍近い面積の山野が必要だったという結論は変わらない．さらに日常生活に必要な薪炭の確保のためにも刈敷の 4 分の 1 の面積が必要だったというから（水本 2003），肥料と燃料を込みにすると水田面積の 12 倍以上の山野が必要だった計算になる．これだけ広大な山野の草木が恒常的に採取されたわけだから，当時は日本各地で草山

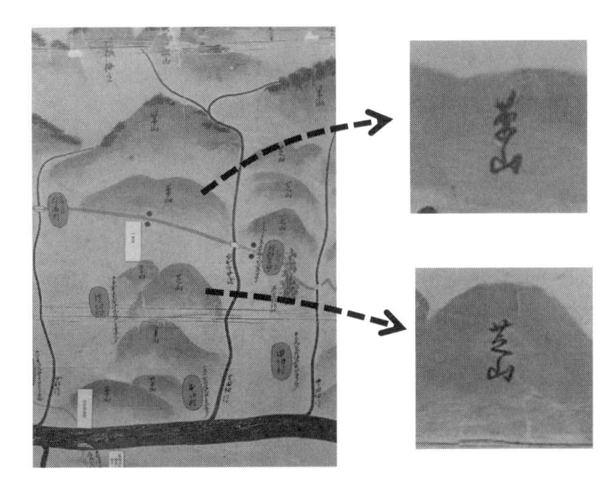

図 1.19　長野県伊那谷の元禄時代の景観を描いた絵図.
天竜川から河岸段丘を経て中央アルプス前衛にかけて草山（右上）や柴山（右下）が広がっている. 森林は高標高の場所にしかみられない（写真：飯田市美術博物館）.

（ススキ, チガヤ, ササ, その他の草本類に覆われた山）とか柴山（ハギ, ツツジ類, アカマツなどの灌木からなる山）とよばれる草原的環境が広がっていたことは容易に想像がつく. 元禄時代初期の長野県伊那谷のほぼ全域を描いた当時の絵図をみると, 天竜川の河岸段丘の平坦地に水田が広がっているが, 河岸段丘を囲む山はいたる所が草山か柴山になっている. 標高が高くアクセスが困難な山にまで行かないと森林が残っていないのがはっきりとみてとれる（図 1.19）. 記録によれば, 山野の 7 割が草山か柴山だったようだ（水本 2003）. いまの伊那谷の山は, 里に隣接する部分も含めてほぼすべてが深い森林に覆われており, 当時の面影をまったく感じることはできない. ちなみに東北地方の山間部では昭和 30 年ごろまで刈敷が行われていた（須藤 1989）. 水田 10 a に 1100 kg もの緑肥を投入していて, 田の土がみえなくなるほど入れる場合が多かったようだ（須藤 1989）.

ところで, 緑肥に使われる草木は何でもよかったわけではない. チガヤ, ヨモギ, ハギ, ウツギ, クズ, ワラビなどが水中で分解されやすく, よい肥料になるとされていた（水本 2003）. それに対して, クリ, クヌギ, カシなどは難分解性で緑肥に不向きであった. むしろこれらの樹種は薪炭用に重宝された.

当時の農書には，人間が食せる葉は概して緑肥に向いているという記述があるのが面白い．

17世紀に発展した水田開発は18世紀に入ると，肥料源となる山野の減少という大問題にぶつかることになる．そもそも土地面積が有限である以上，水田の拡大に限度があるのは当然であるが，それに加えて水田と山野のバランスが大きな制約になるのが当時の水田稲作の特徴である．水田：山野＝1：10という面積比が必須条件であれば，画期的な技術革新がないかぎり，一定以上の水田の拡大は望めない．過剰な水田開発は，山野の過剰利用か水田からの養分の過剰収奪を招き，いずれの場合も持続性のない水田稲作の道しか残らないことになる．

さらに別の問題も発生した．山野の多くが草山や柴山になれば，緑肥採取の機能は最大限に発揮されるだろうが，水源涵養や土砂流出防止といった山野が有する別の機能が極端に劣化するのは避けられない．これを現代的な用語で表現すれば，生態系の「供給サービス」と「調整サービス」のバッティングと言いかえることができる．供給サービスとは，食料や肥料，燃料など直接的な自然の恵みのことであり，調整サービスは気候の調節や洪水の制御，昆虫による作物の送粉機能などの間接的な恵みを意味する．こうした異なる生態系サービスのあいだで生じる対立的な関係をトレードオフという．18世紀になると水田と草山の関係，そして草山と本来の森林の関係の2重の面で社会問題が発生してきた．つぎにそれらについて少し詳しくみていこう．

(4) 山　論

17世紀のなかばを過ぎると，緑肥を得るための入会地をめぐる村落間の紛争が増えてきた．水田面積の拡大で緑肥を採取する山野が限られてきたため，近隣の村落間での衝突が発生しやすくなったのである．こうした山野の利用をめぐる争いを山論（さんろん，やまろん）という．それぞれの村落が自身の利用の正当性や他村の利用の不当性を主張し，藩や幕府に訴訟して裁定を仰いでいた．江戸時代以前であれば武力を使った実力行使が紛争解決の手段だったが，この時代には訴訟での解決に委ねていたのである．

江戸時代は全国で6万件以上の山論が記録されている（水本2003）．なかには解決まで長期を要したものもあり，信州飯田藩で元禄期に起きた山論では，藩内だけで紛争解決に至らず，幕府の評定所の最終的な裁定が下されるまで7年にも及んだ（上郷史編集委員会 1978）．そのあいだ多数の入牢者や多額の費用を費やすことになったが，それも緑肥の獲得が当時の百姓にとって死活問題だったという証拠でもある．

村落間の対立はいわば民と民の対立であるが，官と民の対立も発生した．18世紀になると草山が広がり，大雨が降ると洪水や土砂災害が頻発するようになった．こうした治水上の問題に対処するため，草山にマツなどを植林する事業が藩主導で行われた．しかし，植林により林が成立するとその被陰効果で草の成長が阻害され，緑肥や秣の生産量が減ることになった．また樹林化したことでシカやイノシシが増え，農作物への被害も甚大化したため，村落が訴訟を起こすこともあった（水本 2003）．樹林化で本当にこれら動物の数が増えたかどうかは定かでないが，被害が増えたことは確かであろう．

江戸後期には木材需要の高騰もあって，植林のインセンティブが上がり，草山の拡大に歯止めがかかった．また江戸時代の農民は，山野の資源を枯渇させないよう，共同利用のルールを自主的に定めていた．また，百姓がみずから水田を荒れ地や秣場に戻したりして，土地利用を調整していたこともわかっている（木村 2010）．領主や国と時には対立しながらも協調を進めた結果，環境が修復不可能なまでに崩壊することはなかったのである．

(5)　都市や沿岸とのつながり

山野からの緑肥の採取に限界がみえた江戸中期以降になると，肥料源を都市や海に求めるようになった．当時すでに人口が100万人を超え，世界最大の都市となった江戸は，食料の大消費地であるとともに人糞尿（下肥という）の一大供給地でもあった．江戸十里四方の農村から野菜や米などの作物と引きかえに下肥を引きとって田畑の肥料とした．当初は名主などの特定の百姓が武家屋敷に出入りし，下肥の汲みとり権を独占していたが，江戸中期以降になると下肥を専門に取り扱う仲買業者が現れて取引を行った．江戸時代が循環型社会とよばれるゆえんはまさにこの点にある．幕末に江戸を訪れた外国人が，街が清潔で汚物のにおいがあまりしないことを驚いていたらしいが，都市と農村の物質の循環システムが果たした役割が大きいといわれている．

都市の下肥とともに18世紀に重要な肥料源となったのは，沿岸でとれた魚を加工した魚粉である．房総半島の九十九里浜では地引網量で大量のイワシを捕獲し，干したのちに肥料に加工した．地元民だけでなく，はるか紀伊半島から黒潮に乗って移住してきた漁民も多かったらしい（木村 2010）．また江戸時代後期になると，蝦夷地で大量にとれたニシンの搾りかすを魚肥として利用するようになった．魚粉は緑肥などと比べると窒素やリンの含有量が格段に高く，農業生産性を上げるには格好の肥料であり，とくに西日本の二毛作地帯での生産性の維持には重要な役割を果たしたらしい．だが「金肥」という別名があるとおり，購入するもので自給できる肥料ではないため，それなりに裕福な百姓でないと手に入らない．したがって，慢性的な肥料不足を完全に解消するには至らなかったと思われる．基本的に江戸時代までは，山野を含めた一次生産力が農業生産を規定し，それが人口を規定する時代だったと考えてよい．

(6)　水田をめぐる生物

水田が増加し山野が草原化した江戸時代は，日本史のなかでも自然環境が劇的に変化した時代であろう．この時代になると，さまざまな古文書が残されており，当時の生態系のありさまをある程度推定することが可能になる．そこで，まず水田を中心とした農地生態系を考えてみよう．

図 1.20　17世紀に発行された農書『耕稼春秋』に描かれた農地周辺の光景（提供：西尾市岩瀬文庫）．

武井（2015）は，17世紀後半から18世紀初頭に書かれた農書にある文章や絵図をもとに，当時の農地周辺に棲んでいた生物を推定している．まず『耕稼春秋』という農書では，金沢近辺を描いた絵図があり，水田，畦畔，小川，池，雑木林，草地，山などがセットで描かれている（図 1.20）．これは典型的な里山景観であり，そこにはキツネやモグラなどの哺乳類や，ガン，カモ，サギ類，キジなど鳥類もいる．絵にはないが，水中で獲物を狙うサギの姿から豊富な魚類が想像できる．ほかにもコウノトリが苗を引き抜く様子や，いまでは絶滅したニホンカワウソが夜になると田んぼにオタマジャクシを食べにくるという記述もあるらしい．別の農書によると，17 世紀なかばの江戸近辺の水田ではガンやカモが群がって，その飛び立つ羽音は雷か山崩れのように騒々しかったと記されている．新田開発で広がった水田は水鳥を増やしたことを意味しているのだろう．

その後も将軍家をはじめ，有力な諸侯はタカ狩りを行うため，近郊の水田地帯では鳥類の狩猟はもちろん，追い払うことも制限された．8 代将軍吉宗の時代である 18 世紀初頭から幕末まで，江戸より十里四方は「お鷹場」として禁猟区になった．利根川と荒川に挟まれた水田地帯に「野田のサギ山」（現在のさいたま市見沼田んぼ付近，図 1.21）ができたのも享保年間だといわれており，この時期の新田開発と禁猟で増えたサギ類が巨大なコロニーを形成したと考えられる（成末 1992）．この時期にできた野田のサギ山は，戦後の高度経済成長期の手前まで末永く存続することになった．

国内からは一度絶滅したトキも江戸時代は各地で記録があり，青森の八戸では 18 世紀初頭には水田を荒らすので駆除申請が出されていた．長野県の佐久

図 1.21　幕末に描かれた野田のサギ山の絵図（出典：『さぎやまの記并歌』，安政 2（1855）年，さいたま市指定有形文化財，個人蔵（さいたま市立浦和博物館寄託））．

図 1.22　古くから主要な稲作の害虫だったニカメイガ（左）とイチモンジセセリ（右）. 写真：（左）農業環境変動研究センター.

市ではずっと時代を下った明治中期まで，トキがカラスと同じくらいごくふつうの鳥だったらしい（安田 1988）．鳥類より小型の両生類や昆虫の記述はほとんどないが，それらを含め，江戸時代の新田開発はさまざまな動物を増加させたことは間違いない．

一方で水田害虫の記述も見うけられる．ニカメイガやイチモンジセセリ（図 1.22）などの食葉性の害虫に加え，葉や茎から養分を吸いとる吸汁性のウンカ類の記述もある．とくにウンカ類は甚大な被害をもたらすことがあり，享保年間には大発生で米の収量が激減し，100 万人近い餓死者が出たという（鬼頭 2000）．ウンカの発生量の増加は，享保年間以降に施肥効果が高い金肥（魚粉）の使用が広まり，イネが高栄養状態になったことで生じたという見解がある（瀬戸口 2009）．だが当時の人々にとって，害虫の発生は防ぎようのない災禍とみなされていたため，夜に水田の周囲で松明をともして虫を鎮める「虫送り」という祈禱が行われていた．江戸時代の後期になると，注油法という水面に鯨油を流し込んで落下した害虫を溺死させる技術も広がった．これは油膜で水に落ちた昆虫を窒息させるという科学的に根拠のある駆除法である．江戸時代後期に盛んになったクジラ漁で鯨油が得やすくなったことも普及の原因であろう．

(7)　牧の動物

江戸時代の将軍は鷹狩とともに鹿狩りも行っている．源頼朝が富士山麓で

図 1.23　寛政 7（1795）年に行われた小金原における鹿狩りの絵図（口絵参照．提供：松戸市立博物館）．

行った故事にならったようで，大規模なものは，享保 10（1725）年，寛政 8（1796）年，嘉永 2（1849）年の 3 回，それぞれ吉宗，家斉，家慶が将軍の時代である．場所はいまの千葉県北部に広がる北総台地で，小金牧という広大な牧である（図 1.23，口絵参照）．ただ当時の牧はいまの牧場のイメージとは違い，アカマツなどが生える疎林が主体の環境だったようだ．数万人もの農民（勢子）が動員され，数日間かけて遠方から徐々に動物を狭い範囲に追い込み，最後に将軍が出向いて動物を捕獲するというものである（青木 2010）．記録によれば，享保のシカ狩りは 2 年間続けて行われ，シカが計 1270 頭，イノシシ 15 頭，オオカミ 2 頭の成果があった．ところが約 70 年後の寛政期にはシカ 86 頭，イノシシ 2 頭に減少し，嘉永期はすでに野生動物がほとんどみられなくなったので，房総や東北から駆り集めたものを野に放したらしい（シカ 25 頭，イノシシ 134 頭を放獣）．江戸中期にはまだ関東平野の南部の平野部にも多数のシカやイノシシ，そしてオオカミもがいたことは驚きであるが，その後に急速にこれら野生動物が減ったことも注目に値する．すでにこの時代から，都市近郊では開発の波が押し寄せていたことを示している．

(8)　江戸期の成長の限界

17 世紀は人口爆発ともいえる時代だったが，18 世紀になると一転して人口の停滞期を迎えた．17 世紀は年率 1％に近い増加率を示したのに対し，享保 6

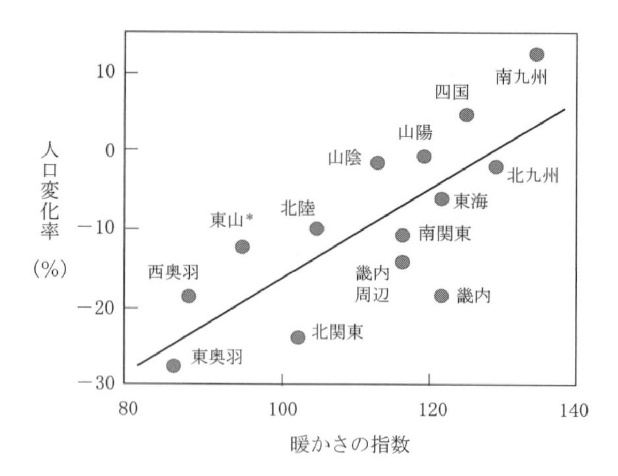

図 1.24　江戸時代後期における「暖かさの指数」と人口の増減の関係．各点は地域を示す．鬼頭（2000）を改変．
＊　現在の長野・山梨は，昔東山（とうざん）とよばれた．

(1721) 年から天保 11 (1840) 年にかけての 120 年間は人口増加率がほぼゼロであり，3100 万人ではかったように同じ水準にとどまっていた（鬼頭 2000）．その最大の理由はさまざまな天災に見舞われたことである．享保，宝暦，天明，天保の各期には大飢饉が起きたことは有名である．幕末には安政の大地震も起こった．だが，日本全国で人口が一様に停滞したわけではなく，地域や年代により相当な増減の差があったらしい．

享保の飢饉（1732 年）は西日本でのウンカの大発生で西日本を中心に被害がでたが，それ以外の飢饉は夏の低温による不作が原因で，東北や関東などの東日本を中心に数十万人の餓死者がでた．1800 年を中心とする 100 年は，火山の噴火やエルニーニョ現象が原因で世界的な寒冷化の時代にあたり，小氷期ともよばれている．当時のイネの栽培技術は未熟であり，本来温暖な気候を好むイネにとって，関東や東北の低温や日照不足は深刻だったのだろう．ただこの時代でも，四国と南九州では飢饉の年でも人口はむしろ増えており，寒冷化の影響はほとんどなかった（図 1.24）．こうした寒冷化により，平安初期以来 1000 年ぶりに西日本の人口が東日本を逆転することになった．

江戸時代後期の人口動態のもう 1 つの特徴は，大都市部における人口減少である．関東や畿内など大都市を抱える地域では，平常年ですら人口増加は微々たるものであった．都市は農村に比べて死亡率が高く，出生率が低かったからである．それでも都市で人口が維持されたのは，地方からの人口の流入によるものである．都市で死亡率が高かった理由は，災害や疫病の流行が挙げられる．17 世紀の明暦の大火や 19 世紀の安政の大地震では，それぞれ 10 万人を超える死者を出し，安政のコレラの大流行は 20 万人以上が死んだらしい．また江戸は循環型社会とはいえ，密集して暮らす都市型社会は衛生面での問題も少なからずあったはずだ．低い出生率については，堕胎などの広まりがあったようだが，これは都市生活の貧困そのものよりも一定水準の生活を維持するための予防的措置であったという解釈がある（鬼頭 2000）．現代の日本社会のように，江戸後期の都市はある意味で成熟した社会が形成されていたのだろう．

1.6　近代日本の発展：工業化の画期

(1)　工業化と土地改変

明治維新を迎え近代国家がつくられると，日本の人口も自然も大きく変貌を遂げた．人口増加の第 4 の波は，すでに 19 世紀初頭の江戸後期からはじまっていたとする意見もある．しかし，石炭や天然ガスなどの化石燃料の利用が本格化し，殖産興業や富国強兵などの工業化の時代を迎えたのは明治以降であり，それを画期とするほうが妥当だろう．明治初期の人口は江戸後期の停滞期をひきずって 3400 万人ほどだったが，明治末期には 5000 万人を突破，そして 1967 年の昭和中期には 1 億人に達した．医療の進歩や食料増産による死亡率の低下があったのは明らかである．

食料生産の点では，明治中期までは魚肥や大豆肥，緑肥など江戸時代と大きく変わらなかったため収量の伸びは鈍かったが，大正期から昭和初期にかけて硫安や過リン酸などの化学肥料が普及するようになると生産性が高まり，昭和初期には面積あたりの収量が明治初期の 1.5 倍以上になった（木村 2010）．それまで田畑の肥料はおもに山野の植物資源で賄われてきたため（牛馬の糞や人糞ももとをただせばそこに行きつく），土地が有限であるかぎり，田畑と山野のバランスの制約から逃れることはできない．山野の過剰利用により国土保全上の問題が発生したこともすでに述べたとおりである．だが，化学肥料は化石燃料に由来する物質やエネルギーを用いて人工的に合成されたものであり，その登場は農地が山野から資源を収奪するという図式をしだいに解消していった．

化学肥料とともに重要だったのは，作物の品種改良や土地改良である．多肥料に強く多収量をもたらす品種や耐寒性のある品種の作出は，収量の増加や安定化をもたらした．また水田の排水設備の技術進歩や，牛馬による耕作を容易にするための長方形の水田区画の整備も明治初期から盛んになった．ただし，こうした田区改正ともよばれる農地整備は，それまで1a以下だった水田区画を数aから10a程度に拡大する程度のものであり，戦後に行われた圃場整備に比べればはるかに規模が小さかった．

江戸末期には緑肥や秣の過剰利用による国土の荒廃に対する反省から，森林がある程度回復した．だが明治期になると，幕藩体制の崩壊によって林業政策が空白状態となった．近代産業の発展による燃料材や建築材の需要が増加したため森林は乱伐され，明治中期は日本の森林が歴史上もっとも減少した時代といわれている．明治政府はこうした状況を受けて1897年に森林法を制定し，はげ山に対する植栽や治山工事が各地で展開されたため，その後森林面積は幾分もち直した（渡辺 2017）．だが戦時体制への移行により大量の木材や木炭が必要になり，ふたたび減少することになった．江戸時代を中心にみられた田畑の肥料源としての収奪ではなく，軍事体制を維持するための収奪である．この時代は資源を維持しようという発想自体が反国家的な思想とみなされたに違いない．本格的に森林が回復し，いまのように森林面積が国土の3分の2を占めるようになったのは，戦後の拡大造林で森林が広がった1960年以降である．

(2)　近代化と生物の絶滅

すでに述べたように，日本は歴史上4回の人口増加の波があった．最終氷期から縄文（採集），弥生から奈良時代（稲作），南北朝から江戸時代（市場経済），そして明治以降（工業化）である．人口増加は必然的に自然環境の改変をもたらすはずだが，実は日本列島での生物の絶滅に関しては，有史以来，明治維新に至るまで確実な記録は1つもない．これは単に記録がないという可能性も完全に否定はできないが，化石や文書などから判断するかぎり，少なくとも哺乳

図 1.25　日本から絶滅したニホンオオカミ（左）とトキ（右）.
写真：（左）東京大学農学部,（右）新潟大学 朱鷺・自然再生研究センター.

類や大型の鳥類では本当になかったと思われる．おそらく生物を絶滅させるほど人口圧力が強くなかったことや，工業化以前の時代の科学技術の水準が未熟だったからだろう．

最終氷期から縄文初期にマンモスやナウマンゾウ，オオツノジカなどが絶滅した時代を「第 1 の絶滅の波」といえるが，これは気候の温暖化とそれに伴う植生変化が原因であって，人為によるとは考えにくい．だが明治以降に起きた生物の絶滅や急減は明らかに人間の影響である．これを「第 2 の絶滅の波」とここではよぼう．その被害をまともに受けたのは，やはり哺乳類や大型の鳥類である．

ニホンオオカミは日本で公式に絶滅が認定された最初の種である（図 1.25 左）．1905 年に奈良県吉野で捕獲された 1 頭が最後とされている．1910 年に金沢城址で捕獲された個体が最後とする意見もあるが，戦時中に標本が焼失して写真が残るのみなのでいまでは確かめようがない．江戸時代までは日本各地に生息し，江戸からほど近い千葉県北部の台地でも幕末までいたことは記録に残っている（青木 2010）．だが江戸時代なかばから狂犬病に侵された個体が増えたようで，人との軋轢が各地で記録されている．イヌから感染した狂犬病やジステンパーにより，この時代から徐々に数が減ったらしい．それでも明治初期にはまだ東北を中心に相当な数がいた．当時の岩手県では原野を牧野に開拓する畜産業が盛んになったが，オオカミの襲撃で多くの被害が出た．明治 8

(1875)年には岩手県令がオス1匹に8円の懸賞金をつけて駆除を奨励していた．当時は8円あれば1年間暮らせるほどの額だったので，駆除が盛んに行われたことが推察される．その後わずか30年で絶滅するとは夢にも思わなかっただろう．オオカミの絶滅には駆除のほか，イヌからの病気の感染，餌であるシカの減少も深刻だったに違いない．

ニホンオオカミよりやや遅れて激減した生物はほかにも多数いる．ニホンカワウソは21世紀になって絶滅宣言が出されたが，減少がはじまったのは明治後期である．江戸時代は各地でふつうの生物だったが，明治以降の毛皮需要の増加で乱獲され，年間1000頭ほど捕獲されたこともあった（佐々木2016）．日露戦争の防寒具として，また輸出用として人気があり，大正末までにはほぼ獲りつくしの状態になった．昭和3（1928）年には狩猟獣から外されたが，結局その後回復することはなかった．

1980年代に野生絶滅したトキもほぼ同じ運命を辿った（図1.25右）．江戸時代は水田のイネを踏みつけて荒らす害鳥とみなされた地方もあったほどだが，その美しい羽が標的になって盛んに狩られ，やはり大正末には絶滅寸前の状態にあった．トキも狩猟だけでなく，営巣地である森林の伐採の影響も指摘されているが定かではない．乾田化や農薬の影響は戦後のことであるが，それが絶滅へのとどめを刺したことは確かであろう．

ニホンジカはいまでこそ全国で農業被害や森林被害をもたらす厄介な動物であるが，実はオオカミやカワウソ，トキと似たような状況だった．江戸時代の将軍のシカ狩りの記録にもあるとおり，江戸の近郊では幕末にはかなり減少したようだ．長野県のような山間地方でも被害の記録が減りはじめ，明治末になると狩猟の記録さえ少なくなったらしい．やはり狩猟圧の増加が主因であるが，明治期の森林の乱伐も減少に拍車をかけたにちがいない．1970年代には長野県からオオカミやカワウソについで絶滅するのではないかと危惧されたほどである（宮尾1977）．シカがなぜほかの動物のように絶滅せず，U字回復をみせたかは興味深い．最大の理由は草食動物だったからと思われる．シカも含めて明治以降の徹底した狩猟で激減したことには変わりないが，オオカミやカワウソやトキは餌の減少も深刻だった．オオカミはシカの減少，カワウソは河川の汚染や護岸による魚の減少，トキは農薬や乾田化によるドジョウやカエルの減少が追い打ちをかけた．だが，シカは自身が高密度にならないかぎり餌に困ることはない．シカの減少は複合要因というよりは，狩猟という単一の要因が強かったため，それが取りのぞかれれば増えるのは必然だったといえる．

1.7　戦後から現代：過剰利用と過少利用のはざま

(1)　戦後日本の復興

近世から近代への変化は，農業中心の社会から工業を中心とする社会への大転換に代表される．農地面積が拡大して作物の生産性が向上したため，農業自体は発展したが，それには工業化を背景とした技術革新があったのは確かである．だが，昭和初期の戦時体制への移行は，産業構造にさまざまなゆがみをもたらし，軍事関連の燃料や木材需要の急騰から山野の荒廃も引き起こしたのはすでに述べたとおりである．

太平洋戦争の敗戦により日本の都市は焼け野原となった．食料不足やインフレ，失業者の増加などが深刻化し，日本社会は短期的に大きな混乱状態に陥った．だが，それは一時のことであり，戦争終結後につぎつぎと着手された諸政策，すなわち小作の廃止を含む農地改革や財閥解体，教育の自由化，婦人解放，労働者の団結権の保証などにより民主化が進み，日本の新たな発展の契機となった．これは明治期の近代化で起きた工業化や中央集権化とは質的に異なる社会の変革であった．

戦後の経済成長は世界にも類をみないスピードで起き，1968 年には国民総生産が（当時の）西ドイツを抜いて世界第 2 位の経済大国にまで発展した．これは世界的にも未曾有の急成長であり，「東洋の奇跡」とまでいわれた．高速道路や新幹線，地下鉄などの交通網が発達，沿岸ではコンビナートや工業団地がつくられ，都市近郊では住宅の建設ラッシュが続いた．一般家庭にも電化製品や自動車が普及し，現在の豊かな日常生活の基盤がつくられた．この時期は高度経済成長期（一般には 1954 年から 1973 年の第 1 次オイルショックまでの時期）として知られ，昭和なかば生まれまでの人にとっては当時の豊かさが形成されていく過程が肌感覚として残っているだろう．池田勇人内閣の所得倍増計画や田中角栄内閣の日本列島改造という標語や，東京オリンピック（1964年），大阪万博（1970年）などのイベントは経済発展の象徴であった.

(2) 激変する自然環境

こうした急激な経済発展が，自然環境の改変を伴うことは必然の成り行きである．都市の拡大，拡大造林による森林面積の増加，農地の圃場整備，沿岸の埋め立てや干拓などである．だが改変は必ず負の側面も伴う．大気や河川，海水の汚染がもたらす公害病や自然破壊がその例である.

都市が急速に近郊へ広がる「都市スプロール」もこの時期に起きた．スプロールとはもともと「虫食い」を意味する．宅地がきちんとした都市計画の下ではなく，無秩序に近い形で周辺に拡大する様子を表現したものである．南関東を例にとると，明治期までは基本的に江戸時代の都市部で人口密度が増えるにとどまっていたが，大正期から徐々に周辺に宅地が拡大した．しかしそれでも都市の前線は，都心から15～20 km以内の23区の外縁あたりまでであった（図1.26左）．だが戦後の高度経済成長期の真ん中である1965年には最前線が40 km，そして安定成長期に入ったばかりの1975年には50 km圏内まで都市前線が拡大した（渡辺ほか1980）．いわゆる首都圏とよばれる地域である.

面積的にもっとも大きく都市に転換されたのは農地である（図1.26右）．農

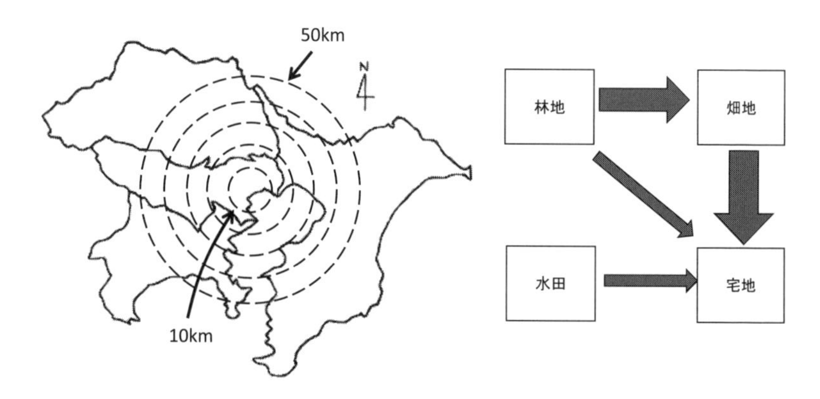

図1.26　南関東地域における都心からの距離（左），および高度経済成長期に都市近郊で起きた土地利用の転換（右）.
詳しくは本文参照．渡辺ら（1980）を改変.

地には水田も畑も含まれるが，水田についてみると，関東平野では江戸時代に開拓された水田がつぎつぎに宅地に転換された．これは，もともと沖積平野の低湿地だった場所が江戸時代に水田に，そして戦後には宅地に改変されたことを意味している．一方，武蔵野台地や北総台地などの微高地では，雑木林や畑，荒れ地（牧を含む）が宅地に転換されていった．江戸時代には十里四方（約40 km 四方）の農村から野菜や米などの作物が供給され，それと引き換えに都市の下肥（人糞尿）を田畑の肥料にする循環型社会ができあがっていたが，まさにそのエリアが高度経済成長期の末期には住宅地となり，都心へ通勤する人たちのベッドタウンと化したのである．これは人々が日々都心とベッドタウンを往復するという意味で，新たな循環の形成とみることもできる．

(3)　農地の変化

戦後の高度経済成長期には，大都市近郊の農地はつぎつぎと宅地に変えられたが，地方の農地は生産性向上のための集約化が急ピッチで進められた．戦後まもなく制定された土地改良制度は，灌漑排水，農道建設，区画整備などにより食料の増産と安定供給を目指したものである．これらをまとめて圃場整備事業とよんでいる．基本的には機械化による農作業の効率化，つまり労働生産性（単位労働時間あたりの生産量）を高めることを意図している．機械化を進めるには，大型機械を効率的に使える大型の水田区画が望ましい．また大型機械を搬入できる広い農道も必要である．さらに大型機械が入っても自由に動けるよう水田内を乾田化して地面を硬くしなければならない．

明治時代の田区改正により，それまで1 a 以下だった水田区画が数 a 近くにまで拡大されたが，それでも大型機械が効率的に作業するには小さすぎた．地形によって違いはあるものの，平野部では40 a（長辺100〜150 m，単辺30 m以上）ほどに拡張された（山崎 1996）．また乾田化のための排水をする暗渠（あんきよ）が地下に高密度に配置された．さらに，水路については，大雨などでも崩れず維持管理の容易なコンクリート化が行われた．これは壁面などを物質でコーティングするという意味でライニングともよばれる．水路の場合には両側面と底面の3面をコンクリートで覆う「3面張り工法」が一般的である（図1.27左）．さらに，管路（パイプライン）を地下に設置して用水を効率的に送るシステムも

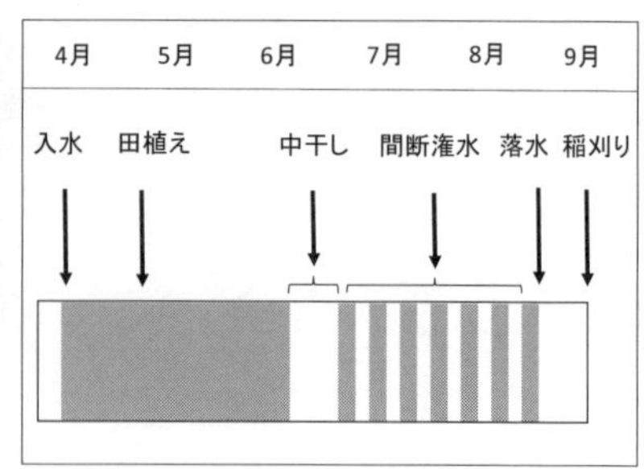

図 1.27　コンクリートで3面張りされた水路（左）と，通常の水田における水管理のスケジュール（右）.
写真では畦畔に2本の排水栓がみえる．また右の図の灰色の部分は，水田が湛水されている状態を意味する（写真：片山直樹）.

普及した.

こうした圃場整備事業は1960年あたりからはじまり，現在は全水田の6割以上が整備水田となっている．整備された水田では機械化による労働時間の短縮だけでなく，水の出し入れがきめ細かく行えるので，米の生産量の向上にも寄与した．水の出し入れが容易になれば，渇水時の潅水はもちろん，「中干し」に必要な水抜きを効率的に行うことができる．中干しは一般にはあまり馴染みがないが，夏期に断続的に水を抜いて田面を一時的に乾燥させる作業で，ほとんどの農家が行っている（図1.27右）．土壌中に酸素を送り込んでイネの根の張りをよくし，有害なガス（メタンや硫化水素など）を抜くことを目的にしている．中干しの起源は古く，6世紀ごろの中国やインドの農書では，除草後に水を落として苗を頑強にするという記述がある（飯沼1970）．日本でも江戸時代中期の農書に記されているので，昔から行われていたようである．しかし，現代的な排水施設が整備されていない水田の落水は，ふつう水田を完全に干上がらせるには至らなかったと思われる．水田の表面全体がひび割れるほどに乾燥する現代の中干しが可能になったのは，地下の排水路の設置などの戦後に行われた圃場整備以降と考えられる.

圃場整備は労働生産性を飛躍的に向上させ，1955年には10aあたり190時間を要した稲作の作業は，1980年には64時間と約3分の1に短縮された（木村2010）．また整備水田が20％から40％に増えた市町村では，米の生産量が1.5

倍近く増えたという記録もあり，土地生産性も高めている（山崎 1996）．ただし，こうした変化は圃場整備だけでなく，のちに述べる除草剤の普及などほかの要因も考えられるため，上記の数値は圃場整備の成果のみとは言い切れない．ともあれ，労働生産性の向上による余剰時間が増えたことは確かであり，畜産や園芸作物栽培などの農家の多角経営を可能にしたと同時に，農家の兼業化を促したことは間違いない．

圃場整備と並んで戦後の農業のありさまを大きく変えたのは農薬の普及である．農薬はすでに戦前から一部使われていたが，大規模に使用されはじめたのは戦後まもなく GHQ が持ち込んだ DDT である．ノミやシラミの駆除のために人体に散布されていたものが，農地にも使用されるようになった．その後，イネの重要な病害である，いもち病に効く水銀剤や，害虫のニカメイガ駆除のためのパラチオンが普及した．だが，強い残留性や人体への毒性を示すことがわかったため 1970 年代前半には使用禁止となり，残留性や毒性が弱い殺虫剤がつぎつぎに開発された．農薬のもう一方の花形は，旺盛に繁茂する水田雑草を駆除する除草剤である．高温多湿なアジアモンスーン気候下での農耕は，古来から雑草との戦いが大きな課題だった．除草剤はそれを克服する画期的なもので，殺虫剤よりやや遅れて使用されるようになった．戦後まもなく国産化に成功した植物成長ホルモンが製品化され，1960 年ごろには全国に普及した．除草剤の効果はてきめんで，1949 年では除草時間が 10 a あたり 50 時間であったが，1974 年には 10 時間を切り，2010 年では 1.4 時間にまで減少した（日本植物調節剤研究協会 2014）．農業の機械化とともに，戦後の労働生産性の向上に果たした役割は非常に大きかったが，除草剤も殺虫剤同様に，さまざまな環境負荷が懸念されている．

(4)　草地と雑木林の「過少利用」

高度経済成長期は，土地の開発と集約的な利用，大量生産，大量消費に伴う環境の劣化の時代というイメージが強い．当時話題となった公害や自然破壊はその典型である．だが，その一方で化石燃料への依存や食料の輸入により，国内資源の過少利用（あるいは未利用）という新たな構造が発生した．開発や集約的利用を過剰利用，すなわちオーバーユースと定義すれば，未利用による環

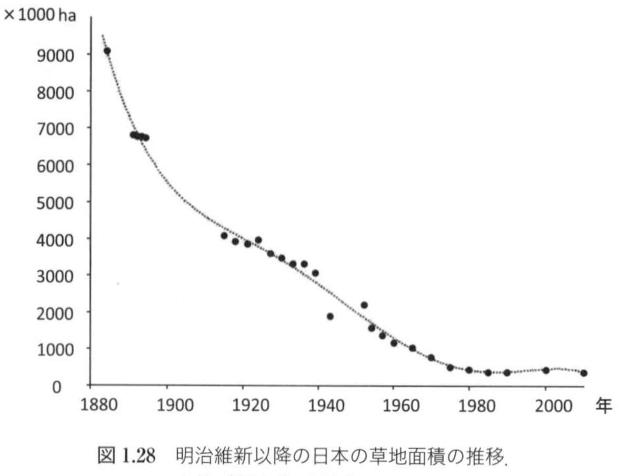

図 1.28　明治維新以降の日本の草地面積の推移.
小椋（2010）を改変.

境変化はアンダーユースということができる．アンダーユースは人口増加期では考えにくいが，燃料や食料などを海外に依存する時代になれば人口増加期でもありうることだ．ましてや人口が停滞し，産業構造が大きく変化すればむしろ起こって当然かもしれない．戦後の産業構造の変化は，日本人が伝統的に利用してきた草地や雑木林に対して過去に例をみないアンダーユースを起こしてきた．

20 世紀初頭の日本には，約 500 万 ha 前後の「原野」があったと考えられている．ここで原野とは，樹林でも農地でもない場所であり，多くがススキ原などの草地をさす．明治期に国土の約 1 割を占めていた草地は，2005 年には 34 万 ha（国土の 1%弱）にまで減少した（小椋 2012）．この 100 年間で 10 分の 1 以下に減ったことになる（図 1.28）．この減少は徐々に起きたようで，高度経済成長期の直前の 1950 年には 200 万 ha 程度にまで減っていた．この間の減少には，田畑の肥料が化学肥料に徐々に移行したため，緑肥や厩肥の供給源としての草地の利用価値が低下したことに加え，木材資源の確保のために草地が林地へ転換されたことも影響している．だが，1950 年から 2005 年までの約 50 年間の草地の減少率はさらに大きかった．この間の減少率は 0.17（34/200）で，前の 50 年間の 0.4（200/500）に比べて倍近い速度で減少したことになる．肥料源としての利用価値の消失だけでなく，農業の機械化による家畜の飼料源と

図 1.29　長野県飯田市にある河岸段丘の植生の変遷.
明治末期（1910 年ごろ，左）に比べ，現在（2018 年，右）は明らかに鬱蒼とした林になっている.
写真：（左）藤堂（1914）より，飯田中央図書館蔵.

しての価値も消失して植生遷移が進んだこと，さらに山間部での拡大造林の進展，そして都市近郊での宅地化の影響（これはオーバーユース）もあったはずである.

戦後の燃料革命は，雑木林の利用価値も著しく低下させた．電力開発は明治期から徐々に行われてきたが，その主たる利用目的は工場や電灯の動力に限られていて，戦後間もないころまでは一般家庭の日常的な煮炊きは薪や炭が圧倒的に主流だった．しかし木炭や薪の生産量は 1960 年ごろを境に急激に減少し，1975 年には 20 分の 1 以下にまで落ち込んでいる（総務省統計局)．これは家庭用の炊飯器やコンロ，ストーブ，風呂などの燃料源が，石油や天然ガス，電気にほぼ完全に置き換わったことによる．電力源については，1960 年ごろまでは水力発電が中心だったが，その後石油や液化天然ガスを燃料とする火力発電が主体になり，1980 年以降は原子力の比重も高くなった．燃料革命は，再生可能資源から再生不可能な資源への切り替えを意味していたのである.

薪や炭の原料であるクヌギやコナラは，伐採された翌年から切株の脇から側枝が萌芽し，20 年もすればつぎの伐採期に達する成長の早い樹木で，効率のよい再生可能なエネルギー源である．薪と炭の双方の用途があるため，雑木林は薪炭林ともよばれている. 薪炭林では林床に積もる落ち葉も利用価値があり，家畜や人間の糞尿と混ぜて堆肥にし，田畑の肥料に使われていた．燃料革命による雑木林の利用の減少は，遷移の進行による森林の林冠の鬱閉や照葉樹林への推移を招いている（図1.29）．燃料革命は，総じて草地や若い落葉樹林といった陽光が降り注ぐ明るい環境を減らす方向に自然を改変してきたといえよう．

(5) 経済安定期の新たな過少利用

戦後を経済史から時代区分すると，戦後混乱期，復興期，高度経済成長期，安定成長期，そして低成長期の5つに分けられる．安定成長期はオイルショック以降，低成長期はバブル経済崩壊以降である．安定成長期以降は人口増加率の鈍化と資源の海外依存度のさらなる高まりから，アンダーユースが一段と顕在化した．

農地はいうまでもなく食糧生産の場であり，歴史上つねに拡大や集約化の対象になってきた．だが1960年あたりをピークに農地面積は一貫して減少した．とくに水田面積の減少は顕著で，2015年にはピーク時である1969年の約7割にまで減っている（農林水産省2017）．これは気候変動や戦乱といった外圧ではなく，純粋に農地が過剰になったためである．実際，1965年に日本人1人あたり年間114 kgの米を食べていたが，2008年には60 kgにまで減った（佐藤2009）．パンや麺に押されてのことだが，原料の小麦の自給率は10%強にすぎないので，国内で農地全体の需要が減っているのは明らかであろう．

それを反映して耕作放棄地が増加している．耕作放棄地は文字どおりの意味であるが，その面積を算定するには厳密な定義が必要となる．農林水産省の定義によれば，「以前耕地であったもので，過去1年以上作物を栽培せず，しかもこの数年のあいだにふたたび耕作する考えのない土地」とされる．昭和の末期までは13万haで横ばいだったが，平成期に入ると急増し，平成27（2015）年には42万haと3倍以上に増えている（農林水産省2015）．この面積は福井県や石川県の面積に匹敵する広大なものである．放棄の原因は，高齢化による労働力不足（就農者の平均年齢は67歳である），米の価格低迷，農地の担い手がいないなどが挙げられる．とくに1960年代なかばから米は生産過剰になっており，減反とともにほかの作物への転換が推奨されているが，うまくいっていない．

林地においても同様の問題がある．木材価格は1980年をピークに長期低落傾向にあり，スギについては2010年時点でピーク時の3割程度の価格にすぎない（林野庁 2015）．価格の低迷や高齢化による担い手不足などから，適切な管理を行っていない造林地の面積は2005年時点で5割近くにも達している（国土交通省国土計画 2007）．このうち，皆伐したあとで植林をせずに放置した林地と，植林後30年以上の林齢で間伐をしないまま放置したものの2種類がある．前者は天然林に移行することが期待できるが，後者は環境保全上の問題が大きい．人工造林では植林時に苗木を密植し，その後何度か間伐を行って樹木の密度を適正に保つのだが，管理を放棄すると密植のままの状態が続いて林床に光が届かない．そのため下層には植生が発達せず，裸地に近い状態になる．森林の植物の多様性が極端に減るのはもちろん，大雨が降ると植生による支持基盤がないので傾斜地では土壌浸食が起こり，国土保全上深刻な問題を引き起こす可能性がある．

(6)　生物多様性の危機

戦後の日本の経済発展は，私たちにとって非常に便利で住みやすい社会をもたらしたが，その一方で自然環境は激変し，生物にとっては未曾有の受難の時代を迎えた．明治から大正末期にかけての近代化は，ニホンオオカミの絶滅，シカやニホンカワウソ，トキの激減に代表される「第2の絶滅の波」があったが，高度経済成長期から現在にかけては新たな「第3の絶滅の波」が押し寄せている．これはとくに昆虫や植物などで顕著である．

昭和8（1933）年に出版された『原色千種昆虫図譜』という図鑑には，東京都内で採集された標本の写真が数多く載っている（平山 1933）．なかでも水生昆虫の半数以上の種が東京井之頭産である．ナミゲンゴロウ，タガメ，ベッコウトンボなど，いまでは有名な絶滅危惧種が大都市近郊でもごくふつうに生息していたようだ（図1.30）．ヒメミズカマキリに至ってはなんと渋谷産である．東京には谷とつく地名が各所にあるが，昔はそこに湿地や池があって水生昆虫の宝庫だったのだろう．井の頭公園はいまでも市民が憩う水辺がある．だが，コンクリート護岸や水質汚染，周辺の草地の消失などで，これら水生昆虫は1960年ごろまでには絶滅したと思われる．最近では外来種の駆除の「掻い堀り」で話題になっているが，これはオオクチバス，ブルーギル，ミシシッピアカミミガメなどの外来種天国と化したことを意味している．

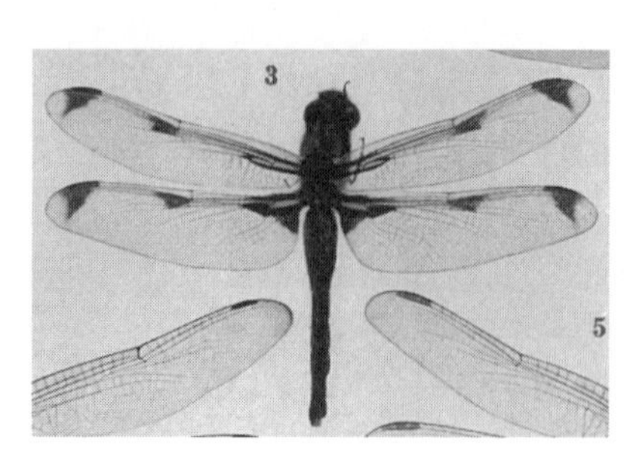

図1.30　戦前の昆虫図鑑に掲載された東京都井の頭産のベッコウトンボ（左）とタガメ（右）.
写真：『原色千種昆虫図譜』三省堂.

井の頭からほど近い石神井（しゃくじい）公園あたりにも，昔はおびただしい数のトンボがいたらしい．それはセミの研究で有名な加藤正世が1957年に書いた手記（森林商報，新56号）にみられる．

> …五十五種が発見されて，全国屈指の蜻蛉（とんぼ）の産地，石神井公園のありし日の姿である．今はもう，この盛況は見られない．次々と姿を消し，その種類も十指に足りぬほどとなり，昔の栄華いまいずこの感が深い．その原因は何か，急激にふえた食用ガエルがヤゴをどんどん食べてしまうからであろう．水田では農薬に，池ではカエルに，その子供たちがどんどん殺され，トンボの数は年々へっている．まことに淋しいかぎりである．

加藤が石神井に越してきたのは昭和初期だから，そのころが「ありし日」に違いない．この手記にはベッコウトンボやオオキトンボなど，いまは絶滅危惧1A類になった種がふつうにいたと書かれている．興味深いのは，激減の原因を外来種であるウシガエル（食用ガエル）による影響と推察していることである．そういえば，著者（宮下）が幼少のころ（おそらく1966年），石神井の水路で多数のアメリカザリガニがいて，狂喜してとったことを覚えている．ウシガエルとザリガニは，戦前にセットで外国から導入されたのちに，戦後になって急激に分布を広げたようだ．加藤が記したトンボの減少も，それとほぼ時を同じくしている．実際は水質汚染などとの複合影響かもしれないが，日本で外

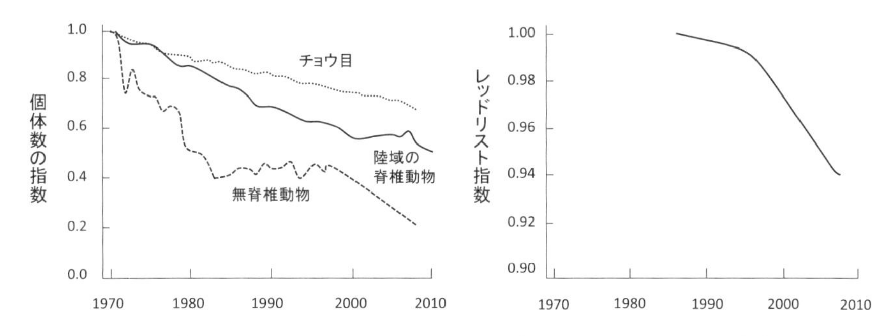

図 1.31　さまざまな生物種をまとめた個体数の指数（左）と，レッドリスト指数（右）の変化. WWF Report（2014）と Dirzo et al.（2014）を改変.

来種問題が発覚する 50 年も前からその脅威を察していた氏の慧眼には感服するしかない.

一方，アンダーユースが生物多様性に与える影響が認識されるようになったのは安定成長期に入ってからである．草原性の昆虫や植物がめっきり減ったのは，おしなべると 1980 年あたりからである．高度経済成長期に撮影されたドラマや時代劇の遠景には，伐採地やマツの疎林，水田周辺の草地がよく映し出されている．そこにはいまでは絶滅危惧種となった植物や昆虫が棲んでいたのではないかとつい想像してしまう．著者も含め，1970 年前後に世間を賑わせたすさまじいまでの自然破壊を知る人にとって，近い将来にアンダーユースによる生物多様性の危機が訪れようとは夢にも思わなかっただろう.

過去 50～60 年で起きた生物の減少は，日本だけでなく世界的な趨勢である.「生きている地球指数」（living planet index）は世界各地の生物の個体数情報を集計して解析し，個体数の減少トレンドを評価したもので，国際自然保護連合（WWF）が 2 年に 1 度データを更新して公開している（図 1.31）．陸域の脊椎動物（哺乳類，鳥類，魚類，両生類，爬虫類）の 3706 種を対象にした解析結果によると，1970 年から 2012 年にかけて個体数が 6 割ほど減少している（WWF 2016）.「生きている地球指数」では昆虫などの無脊椎動物の評価は行っていないが，別の研究グループの報告によれば，昆虫類も平均すると個体数が半数以下になっているらしい（Dirzo et al. 2014）．こうした生物の減少には，生息地の消失・劣化が最大の要因であり，それについで過剰採集，外来種や病気，気候変動などが挙げられている．

日本では環境省が策定した生物多様性国家戦略で，4つの危機要因を挙げている．「第1の危機」は開発や過剰採取によるオーバーユース，「第2の危機」は管理放棄によるアンダーユース，「第3の危機」は外来種や化学物質，「第4の危機」は気候変動である．これらはWWFの生きている地球指数が挙げている危機要因と共通点が多いが，日本ではアンダーユースが明記されているのが特徴である．経済発展がある水準を超え，成熟社会が直面している現代的課題ともいえるが，食料や木材の低自給率からわかるように，国内のアンダーユースは，貿易を通した海外のオーバーユースと不可分である．たとえば熱帯林の減少の究極要因は日本など先進国の木材や食料の需要を反映したものであり，オーバーユースとアンダーユースの問題はセットで考えないかぎり根本解決は難しい．だが裏を返せば，自給率の向上や地産地消を進めれば，同時解決が可能な課題ということもできる．

コラム2　外来種の攻防

外来生物は，いまや各地ではびこり，日本の生態系を大きく改変している．新たな種が侵入しただけなら，生物の総種数が増えて歓迎かもしれないが，実際は在来種を駆逐して多様性を減らしている．日本の農業用ため池や低地の沼は，どこもオオクチバス，ブルーギル，アメリカザリガニ（以下ザリガニ），ウシガエル，ミシシッピアカミミガメなどの外来種で席巻され，在来種を見つけるのに苦労するくらいである．こうした種構成の均一化こそが，外来種がもたらす生態系への悪影響の典型である．

外来種で占拠された生態系は，外来種同士も関係しあい，新たな食物連鎖（食物網）を形成している．この状況で特定の外来種だけを駆除すると思わぬ副作用が生じることがあり，生態系管理には慎重さが求められる．以下に著者（宮下）らによる2つの重要な発見を紹介しよう．

まず埼玉県中部のため池群での研究である．地元の人に協力してもらい，ため池の水を抜いてオオクチバスやブルーギルを実験的に駆除した．翌年に在来の小魚が増えたのはよかったのだが，ザリガニが大発生してヒシ（水草）が壊滅状態になり，ヒシを産卵場所とするイトトンボも激減してしまった（Maezono et al. 2004)．外来魚はザリガニを抑制し，間接的にヒシやイトトンボを維持していたのである（図・左）．この発見は，特定の外来種の駆除が新たな外来種問題を引き起こすという構図を日本ではじめて明らかにした例である．ザリガニは雑食性で，水草や水生昆虫はもちろん，周辺の林から流入した落ち葉も食べる．だから餌不足になることはまずない．増殖率も高く，陸上を移動して侵入することもできる．残念ながらこうした厄介な外来種を根絶することは難しい．希少種がいる池では，可能なかぎり駆除を行うしか道はない．

つぎは岩手県南部のため池群でウシガエルに注目した．ウシガエルは旺盛な食欲で，在来のカエルや水生昆虫を減らす厄介者である．だが面白いことに，コイがいるため池ではウシガエルの密度が抑制され，その分，在来種であるツチガエルへの影響は緩和されていた（Atobe et al. 2014；図・右）．ウシガエルの幼生（オタマジャクシ）は，在来のカエル幼生と違って水草のあいだに隠れる習性がなく，コイに食べられやすいことが原因だった．ここでも「敵の敵は味方」のことわざが生きていたのである．実はため池にいるコイももとを正せば中国大陸から来た外来種である．日本固有のコイは，琵琶湖や霞ケ浦などのごく限られた湖にしか棲んでいない．外来のコイも在来の水草を食べ，池の底の泥を巻き上げる環境改変者であり，決して歓迎される種ではない．だが，水生昆虫や在来のカエルを著しく減らすほどの影響はないようだ．希少な水草を守りたければコイの駆除は必要だが，希少なカエルを守りたければコイの駆除はウシガエルを増やすので，やらないほうがよい．外来種問題に対処するには，何を保全し復元したいかを明確にすることが肝要である．

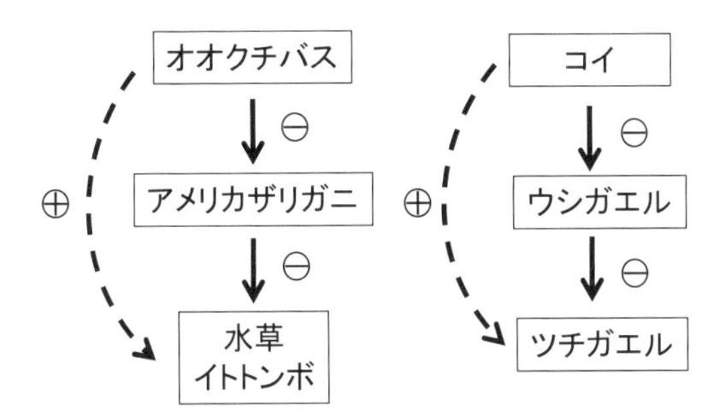

図　ため池の外来種同士の関係と在来種への影響．
実線は直接効果，破線は間接効果を示す．

1.8　むすび

本章では，最終氷期から現代に至るまでの1万年以上にわたる日本列島の自然と人間社会の歩みとのかかわりあいを論じてきた．そこからわかることは，人間社会はひたすら発展の一途を辿ってきたわけではなく，自然環境の変動から受ける外圧や，社会システム自体から内発する制約下で，発展と停滞をくり返してきたことである．また社会の画期は自然環境への脅威となるとともに，それがやがて新たな社会の変革を促すという，双方向で動的な構図が垣間見えたであろう．こうした事実は，もはや日本の自然の参照すべき体系がどこにあるのか，一義的に決めることは難しいことを意味している．豊葦原（とよあしはら）の瑞穂（みずほ）の国も，自然と調和した里山景観も，江戸時代の循環型都市像も，日本のある時点での原風景や持続的体系ではあるが，グローバル化と情報化のうえに築かれた現代社会でそれを単純に目標にすることはできない．だが，先人がなぜ，どのような課題に直面し，それをどう切り抜けてきたかを参照することは，人と生態系の新たな関係性を模索するうえで役立つことが多い．歴史を学ぶ意味は，過去の失敗に学び，視野を広げて物事を相対化できることにあるという歴史学者の主張は説得力がある．もう一点歴史から学べることは，いまの自然がなぜそこにあるのかを，過去の出来事の重層的な積み重ねから理解できる点にある．それは自然の価値を理解することにつながるだろう．たとえば，なぜそこに草地が残っているのか，なぜそこに絶滅危惧種がいるのか，という問いを遠い過去に遡って類推できれば，その草地や生物の価値を他者に説明できるようになるかもしれない．

この章は第1巻の導入部ということで，全5巻シリーズの内容を意識し，日本の人と生態系の関係について概観した．次章では，人間社会を支える根源となっている農地，とくに水田生態系の特徴についての各論に移ることにする．

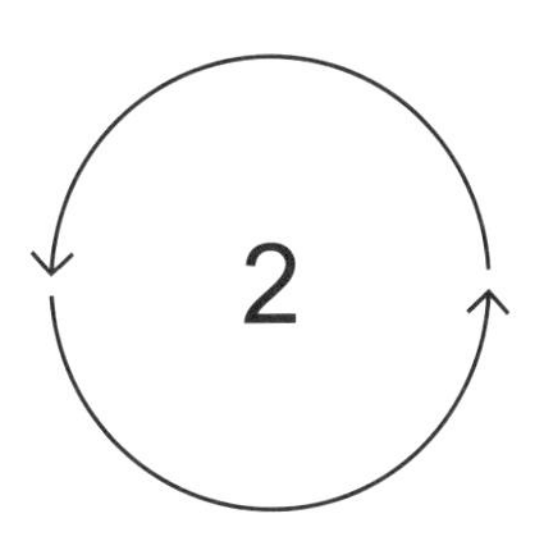

農地・草地生態系の特徴と機能

2.1　水田稲作の特徴：畑作との対比

モンスーンアジアに属する日本列島の農業は，多少の地域差はあるものの水田稲作が中心である．本州，四国，九州においては，弥生時代に稲作が伝播し，江戸から明治期にかけて沖積平野を中心に広がった．南の琉球列島はやや遅れて10世紀ごろに稲作が入り，北の北海道では明治期に道央まで広がった．いまでも沖縄ではサトウキビ畑が多く，北海道では牧草地や畑が多くを占めるが，水田は日本の農地の主たる土地利用といえよう．

米は小麦とトウモロコシと並んで世界の3大穀物として知られている．米の生産量の9割がアジアで，とくに中国，インド，東南アジア諸国で生産量が多い．日本は2016年時点で13位である．興味深いことに，1970年代の人口分布と米の生産量の分布は，とてもよく一致している（池橋2005）．現在でも米生産の上位10か国のうち9か国は，人口でもベスト20以内に入っている（表2.1）．それに対し，小麦では中国やインドなどのほかに，人口が20位以内に入っていないヨーロッパ諸国やカナダ，オーストラリアが上位に入っている（表2.1）．トウモロコシの生産でもヨーロッパや南米が上位に入る．これは世界の人口を支える食料として米が重要な地位を占めてきたことを示唆している．むろん日本では，歴史的に米の生産が人口動態と密接不可分であった．では米は

表 2.1　米と小麦の生産量（FAO 2016）.
＊印は人口で世界20位以内に入っていない国.

米

順位	国	生産量（百万t）	割合（%）
1	中国	211	28.5
2	インド	159	21.5
3	インドネシア	77	10.4
4	バングラデシュ	53	7.2
5	ベトナム	43	5.8
6	ミャンマー*	26	3.5
7	タイ	25	3.4
8	フィリピン	18	2.4
9	ブラジル	11	1.5
10	パキスタン	10	1.3
13	日本	8	1.1
	合計	741	

小麦

順位	国	生産量（百万t）	割合（%）
1	中国	132	17.6
2	インド	94	12.6
3	ロシア	73	9.7
4	アメリカ	63	8.4
5	カナダ*	30	4.0
6	フランス*	30	4.0
7	ウクライナ*	26	3.5
8	パキスタン	26	3.5
9	ドイツ	24	3.2
10	オーストラリア*	22	2.9
56	日本	0.8	0.1
	合計	749	

なぜ穀物として優れているのだろうか．その理由は，生産性の高さと連作可能性の２つから説明できる．

(1)　米の高い生産性

アダム・スミスは『国富論』のなかで，「米は小麦に比べて生産力が高い．米田はもっとも肥沃な小麦に比してはるかに多量の食物を生産する」と記している（栗原 1964）．スミスは 18 世紀のイギリス人であり，モンスーンアジアから遠い世界で暮らしていたが，すでに文献レベルではそのすぐれた性質を知っていたのである．20 世紀なかばの日本の統計をみると，米は ha あたり 4.6 t の生産量であったが，小麦は 2.1 t にすぎなかった．この約２倍の差は，時代や地域を越えて共通した傾向のようで，奈良時代後期でも米は 2.4 t で畑作物は 1.2 t だった（高島 2012）．

生産性の違いは，種子１粒あたりどれだけの米や麦がとれるかに大きく依存する．これは収穫率とよばれ，一般には収穫重を播種重で割った値が用いられている．16 世紀の米の収穫率は 50 程度，同時期のヨーロッパの小麦では 6 以下であったが，20 世紀なかばには米で 100～140，小麦では 15～20 に向上した（山根 1974）．だが時代によらず，米の収穫率は一貫して小麦より５～10 倍ほど大きかった．この違いは，イネでは茎が多く分岐して多くの穂がつくことと，1つの穂に多数の種子がつくことによる．

ここで収穫率と生産性の違いに乖離があることに注意してほしい．収穫率では米が小麦よりも5～10倍も大きいが，生産性（面積あたりの収穫量）では約2倍の違いしかない点である．これは，単位面積あたりに収容可能な株数の制約が原因である．「自己間引き」により，生産性は収穫率の違いほど顕著にはならないのである．現在，作物については単位面積あたりの生産量が重視されているが，ヨーロッパでは歴史的に収穫率が重視されてきたらしい．食料不足の時代に，ある年に収穫した穀物をどれだけ食用にし，どれだけ翌年の播種に残すべきかは，切迫した問題だったかもしれない．

生産性と収穫率の関係は，生態学でよく使うロジスティック式で表すとわかりやすい．ロジスティック式は，1.3節（1）（p.19）で説明したロジスティック成長を記述する数式で，r（内的増加率）とK（環境収容力）の2種類のパラメータで構成されている．収穫率は各作物がもつ潜在的な増加率（r），生産性は土地に規定されるものだから環境収容力（K）とみなせる．イネはrもKも大きい作物といえる．Kは土地生産性とみなせるので農業者にとって有用な指標であるが，rがどういう意味があるかはピンと来ないかもしれない．だが，気象害などで収量が大きく減った場合，つまりKより収穫が大幅に減った場合は重要になる．rが大きい作物では，気象が翌年平常に戻れば生産量がすみやかに回復することが期待できる（図2.1）．だが，rが小さければ翌年十分回復することができず，気象害の影響をしばらく持ち越す可能性がある（図2.1）．その場合，当年の消費分を例年より減らすべきかもしれない．言いかえると，rが大きいイネは，環境変動の影響に対して弾力性（レジリエンスともいう）が高く，変動を吸収する能力が高い作物といえる．

これら性質の違い自体がなぜ生じたかは定かではないが，湛水に由来する「場の違い」と，イネと小麦が元来もつ「形質の違い」の2つが考えられる．場の違いについては，水耕か畑かの違いである．水中にはリンが可給態（植物が利用できる無機態）で豊富に存在するが，乾いた土中では鉄やアルミニウムと結合して可給態が少ない．また水田にはほかの栄養塩も豊富に存在する（次項参照）．湛水そのものが米の生産性を高めている可能性は高い．

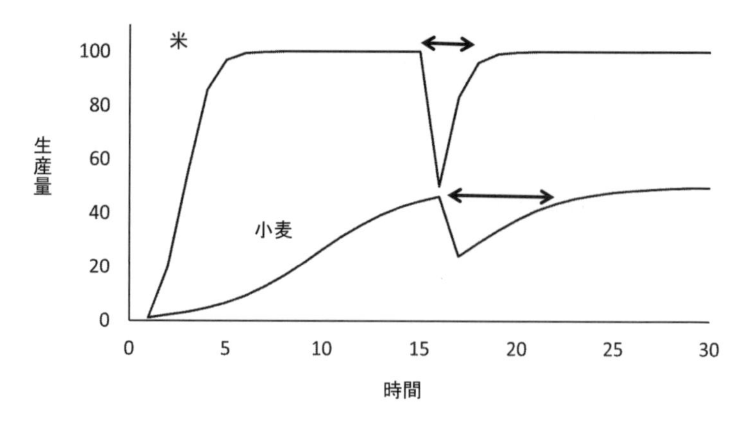

図 2.1　米と小麦の生産量の変化をロジスティック式を用いて模式的に表した図．途中で生産量を半減させる気象攪乱が起き，そののちに回復する過程を示す．矢印の範囲は，攪乱後にもとの状態に戻るまでに要する時間．（米：r＝1.6, K＝100; 小麦：r＝0.4, K＝50）

つぎにイネと小麦の形質の違いであるが，これは生存戦略の観点から説明可能である．一般に高い内的増加率は，不安定な環境に対する適応と考えられている．イネの祖先は河川の氾濫原のように干上がりや洪水などが起こりやすい不安定な湿地環境に起源があるので，高い収穫率をもつ形質が進化していても不思議はない．

(2)　水稲は連作できる

畑作物には連作障害がつきものであり，別の作物を一定期間育てたり休耕したりする必要がある．化学肥料などの登場によりその必要性はある程度解消されたとはいえ，依然として畑作では重要な制約になっている．だが，水田稲作は歴史的にそうした制約があまりなく，連作を常としてきた．それには複数の理由が挙げられている（池橋 2005）．

まず第1に，同じ作物のくり返し耕作で蓄積される病原菌の蔓延を抑制できることである．これは水中の嫌気環境はイネに害を与える好気細菌を死滅させるからと考えられる．第2に，水中で活発になる発酵作用により有機物の分解が促進されることである．水田で伝統的に使われてきた緑肥は，生の葉なので土中では分解が遅いが，水中では比較的すみやかに分解が進む．畑ではふつう

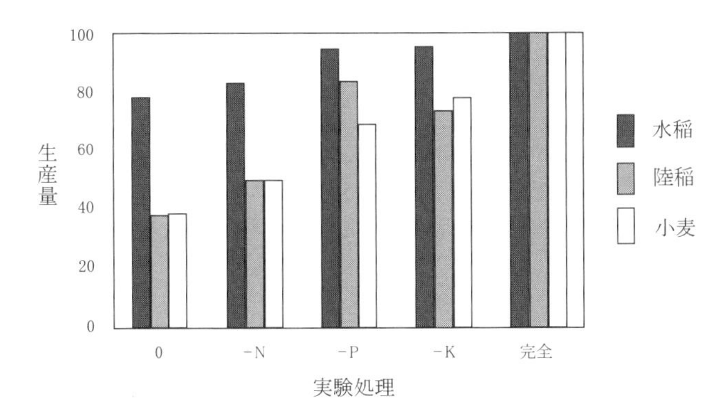

図 2.2　異なる栽培条件下での水稲，陸稲，小麦の作物生産量．
いずれの作物も，完全施肥区の生産量に対する比率で示している．
0：無施肥，−N：窒素無施肥，−P：リン無施肥，−K：カリウム無施肥，完全：全栄養塩施肥．岡島（1976）を改変．

緑肥は使われず，厩肥や金肥が使われてきたのはそのためである．第3に，水中で繁茂するラン藻類による窒素固定が栄養塩を提供する．さらに第4として，上流からの栄養塩の流入が挙げられる．ある実験によれば，まったく肥料を施肥しない場合でも，水稲の収量は完全施肥区と比べて2割ほどしか低減しなかったが，小麦や陸稲では60％も低下した（岡島 1976；図 2.2）．この実験で重要なのは，陸稲と麦類で同様の低減を示したことである．これは，イネがもつ種特異的な性質が収量の持続性を高めたのではなく，湛水の有無が栄養塩の供給や維持に効いていたことを意味している．ちなみに，近世の新潟平野では近くに緑肥をとる山野がなく，無肥料で稲作を営んでいた地域もあったらしい（浅沼 1971）．川から運ばれた栄養塩のみでなんとか維持できていたのだろう．

焼き畑農業はもちろん，ヨーロッパで行われてきた穀草式農業や三圃式農業では，連作障害を避けるため休耕期間が必ず設けられていた．穀草式では2，3年の耕作ののちに5～6年，あるいはそれ以上の休耕を余儀なくされた（藤田 2014）．三圃式農業は中世の集約化のはじまりであるが，それでも夏麦，冬麦，休耕を1年ずつローテーションしていた．休耕のあいだは共同放牧地から家畜の導入や，厩舎から厩肥の導入で地力を維持していたのである．そうした休耕を要しない水田稲作がいかに効率的かは推して知るべしである．

(3)　水田は経営規模が小さい

日本の農業の経営規模は，欧米に比べて小さいことはよく知られている．これには地形の複雑さに由来する機械化の困難さが以前から指摘されている．たしかにアメリカやオーストラリアのように，農耕の歴史が比較的浅く，経営規模が3～4桁も違う国との比較では機械化が決定的な要因であるに違いない．だがヨーロッパのように機械化以前から経営規模が違う国との比較では，地形だけが要因とは思えない．

2015年の統計によれば，日本の農地の経営面積は平均2.5 haなのに対し，ドイツやフランスは約58 ha（EU統計局2013）で20倍以上の開きがある．歴史的にみると，近世日本では2～3 haでいまとほぼ同じである（藤田2014）．一方，近世のドイツではフーフェ制という村落共同体が組織されていて，構成員である1家族に対して10～15 ha（1フーフェ）の農地が与えられていた（藤田2014）．つまり，機械化以前は日本とドイツの経営規模は5倍程度の開きがあったようだ．この5倍から現在の20倍への差の拡大は，機械化など集約化の日独の違いによると解釈できるが，機械化以前の5倍の開きは別の説明が必要である．

この違いはいくつかの傍証で説明可能である．1つは，アジアモンスーンの他国の経営規模との比較である．戦後間もない時期の記録では，韓国，中国の河南省，インドのボンベイ州，フィリピンのいずれにおいても1戸あたりの農地面積は1～2 haであった（栗原1964）．こうした面積の驚くべき類似性は，経営規模が単なる地形で制約を受けているのではないことを示している．さらに戦前の中国の記録によれば，稲作中心の地域では小作面積の割合が40%なのに対し，小麦作が中心の地域では13%にすぎなかった（栗原1964）．正確な面積は不明であるが，同じ国であっても稲作が中心の地域では経営規模が明らかに小さくなっている．ここまでくれば，機械化以前の日本と欧州の経営面積の違いは，米と小麦の生産性の違いに起因するという仮説が説得力を帯びてくるだろう．そこで，つぎに比較的データが揃っている近世の日本と欧州の農地の生産性や経営方法をもとに，経営面積の違いを定量的に説明してみよう．

すでに述べたとおり，小麦の土地生産性は米の半分なので，同じ量の穀物を得るには稲作の2倍の面積が必要である．また三圃制を前提とした場合，3区画のうち1区画を休耕するので，休耕のない水田より1.5倍の面積が必要となる．さらに収穫率の違いもある．近世の日本の米の収穫率は約30だから収穫された大部分を消費にまわせるが，欧州では6程度であり，15〜20%は翌年の播種用に残す必要があったはずだ．この収穫率の差を埋めあわせるには，さらに1.2倍の面積が必要になる．以上の比率をすべて掛けあわせることで，水田稲作と畑作の経営規模の違いを算出できる．つまり，2×1.5×1.2=3.6となる．これは，近代の日本とドイツの経営規模の違い（5倍）にわりあい近い数値である．残りの差は，隷属農民を含めた家族の構成人数が欧州で多いことを反映しているのかもしれない．もちろん，日本では水田漁撈や山の幸による食料があり，欧州では牧畜由来の食料もあったが，それらは考慮していないので，正確な推定ではない．だが，日本と欧州の経営規模の違いは，作物生産の違いである程度定量的に説明できるといえよう．

(4)　農地景観のモザイク性

日本の農地景観といえば，雑木林や草地，宅地などがモザイク状に入り組んだ里山を思い浮かべる人が多いだろう．日本でもっとも平坦地が広がっている関東平野の南部でさえ，見渡すかぎりどこまでも水田が広がっているわけではない．台地状の微高地が各所にみられ，そこには雑木林や草地，畑，集落が点在している．環境省は日本に里山（里地里山ともよぶ）がどこにどのくらいの面積があるかを知るために全国地図をつくっている．国土地理院の3次メッシュ（約1 km四方）を対象に，農地，二次草地，二次林の3つの要素の合計が50%以上を占め，かつ少なくとも2つ以上の要素が含まれるメッシュを里山的環境と定義した（環境省2009；図2.3）．なぜこれらの要素に注目したかというと，農地の生産性は伝統的に草地や雑木林から採取した緑肥で維持されてきたこと，またそれ以外にも薪炭や茅場（かやば），秣場（まぐさば）として人々の暮らしと深く結びついてきたからである．この定義によれば，日本の国土面積の約4割が里山的環境であり，とくに東北の太平洋側や関東，北陸，中国地方に広範にみられることがわかった．北海道や九州北部は農地が広いわりに里山環境が少ないが，これらの地域では広域に農地（水田や牧草地）が広がっているからである．また，中国地方は逆に農地面積のわりに里山環境が多いが，中国山地が比較的低

図2.3　わが国における里地里山の分布.
灰色の部分が里地里山. 環境省(2008)を改変.

標高で起伏の多い準平原地形からなっているためである.

では農地を中心としたモザイク性の高い里山景観はどのように形成されるのだろうか. これには入れ物としての地形の複雑性がまず存在し, そのうえに人間の土地利用が重なってできたと考えられる.

第1章で述べたとおり, 日本は4つのプレートが衝突する世界でもまれな地勢下にあり, 幾多の造山運動を経て急峻で入り組んだ地形が形成された. それに河川による浸食や, 氷期と間氷期でくり返された海の進出と後退が上乗せされ, 地形をさらに複雑にした. 日本では平坦地のほとんどが農地か宅地になり, 傾斜地には森林が残っている. だから地形の複雑さは, そのまま土地利用ないしは生態系の複雑さを生むことになる.

関東や東北で多くみられる谷戸(やと)（谷津(やつ)ともいう）はその典型である. まず隆起運動で標高が200 m以下のなだらかな丘陵地ができ, その後に傾斜部から浸出した湧水が小河川となって丘陵を侵食し, 小さな谷をつくり出した. 間氷期には海面が上昇して平野部の内陸にまで海が進出した（縄文海進）. 海の波は谷の壁面を崩壊させるとともに, 海から運ばれた堆積物で谷底が徐々に平坦になっていった. やがて気温の低下で海が後退し, 現在みられる斜面に囲まれた谷戸地形がつくられたのである. 弥生時代以降になると谷戸の平坦地には水

図 2.4　日本の里山景観（左）とヨーロッパの農地景観（右）の対比.
画像：（左）Google,（右）CNES/Airbus.

田がつくられ，斜面の雑木林は薪炭林や緑肥の供給源として使われてきた．丘陵地は元来が低標高のため，多数の小河川が樹形のようにつながり，それによって多数の谷戸がつくられた．これはフラクタル構造とよばれる入れ子式の幾何学構造に類似している．フラクタル構造とは「自己相似性」の一種で，「全体」とそれを構成する「部分」が相似形をしている．図 2.4 の左の写真では，水田が枝分かれして林に食い込んでいるが，こうしたくり返しの分枝がフラクタル的な全体構造をつくっている．水田と林の境界をトレースすればわかることだが，この構造は，狭い範囲に長大な水田と林の境界をつくり出している．

一方，山間部にある里山景観は，谷戸の景観とは形成の歴史や形状が大きく異なる．中山間地では傾斜地が多く農耕に適した場所が少ないが，中世以降の灌漑水路の発達により水の便の悪い場所にも棚田が発達した．急傾斜地には森林が残るが，棚田も斜面上につくられるので畦畔の幅は必然的に長くなり，そこに面積の大きな草地が発達する．山間部ではフラクタル状に入り組んだ里山景観は発達しにくいが，谷戸よりも開放的で草原的な里山景観がみられることが多い．

日本の農地や里山景観をさらに異質性の高いものにする要因として，地形要因以外に農業の経営規模の小ささも考えられる．すでに述べたとおり，日本の平均的な農地面積は 2.5 ha である．所有者がすべて同じ経営をすれば別だが，

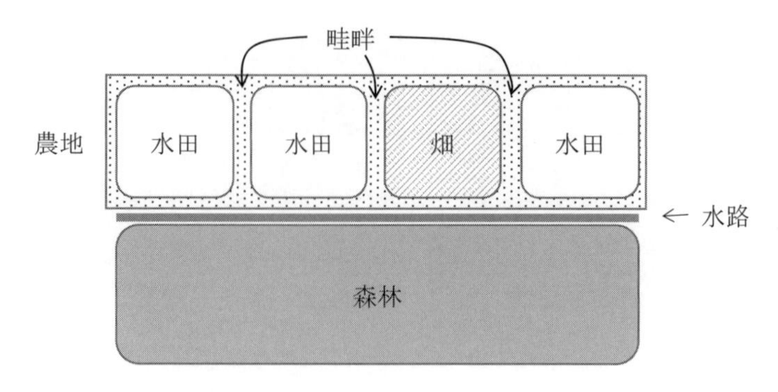

図 2.5　里山景観にみられる重層的な景観異質性の模式図.
農地と森林という大区分と，農地内での水田と畑，畦畔，水路などの小区分が存在する.

水田，畑，休耕などの複数の選択肢がありうる．また同じ水田でも田植えの時期や草刈りの回数などが同じとは限らない．したがって，空間的に細分化された経営主体がさらなる景観の異質性をもたらすことは普遍的に起きていると思われる．

さらに水田に限ればもう１つ注目すべき点がある．それは水田稲作を維持するためのインフラともいうべき水路と畦畔である．この２つは農地と雑木林といった大区分と比べれば，面積的に些細な要素といえるかもしれない．だが水路も畦畔も，止水域である水田生態系とは明らかに異質である（図 2.5）．さらに，水田そのものは春の耕起からはじまって，湛水，中干し，稲刈り，その後の乾燥化など，つねに強度の攪乱を受ける特殊な生態系である．そこに隣接する畦畔や水路は，生物の攪乱からの逃避所として，あるいは水田への生物の供給源として重要な役割を果たしている．

日本の農地景観はこのように重層的な空間的異質性をもっている．それは地形による制約だけでなく，農業経営の規模や種類に起因するものも含まれている．これを古くから農業が営まれてきた欧州と比較すると，その特徴が一層際立つに違いない．アルプス以北の西ヨーロッパは，ほとんどが古生代の造山運動でできた丘陵地と，氷河の攪乱を受けて形成された平原からなる．日本列島と違ってゆるやかな地形上に広大な農地が広がっているので，谷戸地形などの入り組んだ構造はほとんどない．また農業は小麦などの畑作と牧畜が主であり，景観要素としては畑地と牧草地，そして断片的な森林が大半を占めている．圃場の規模も日本の水田に比べればはるかに大きく，1 辺が 500 m に及ぶ圃場も少なくない．南関東の谷戸地形では，500 m の範囲内で尾根をはさんで複数の谷津田が含まれることも珍しくないことからすれば，いかに均一な農地景観が広がっているか想像できるだろう（図 2.4）．農家の経営規模も大きいので，日本のように目まぐるしく農地のタイプが変化することもないはずだ．

さらに重要なこととして，水田稲作と畑作の質的な違いが挙げられる．水田稲作は文字通り湛水を伴うので水域生態系の一種であるが，畑作は乾燥した陸域環境である．だから，水田と二次草地はまったく性質の違う生態系とみなせるのに対し，畑と二次草地は植物の多様性や被度の違いこそあれ，基本は草地的な生態系である．国内外を問わず，農地景観の異質性を定量的に表す場合，農地と非農地（森林や草地など）の比率を指標とすることがある．この場合，農地が水田の場合は，「水域」vs「陸域」であるが，畑の場合は「陸域」vs「陸域」となり，コントラストの程度がまったく違う．日本の農地景観や里山景観の異質性やモザイク性は，ヨーロッパのそれとは本質的に異なっているということを忘れてはならない．

2.2　農地景観の生物多様性

(1)　農地の生物を考える意味

農地はいうまでもなく食糧生産の場である．森林や河川，干潟などのように，人間が出現する前から存在していた自然環境ではないので，農地に特有な種はいないように思える．だが，農地の形成の歴史と現状を考えれば，そこに棲む生物に価値があることがわかるはずだ．

水田は弥生時代から徐々に広がってきたが，江戸時代前期の新田開発で沖積平野から山間部にまで大きく拡大した．明治以後も沿岸の干拓や三角州の開拓は行われたが，やはり江戸前期が開拓の画期とみてよいだろう．現在の水田の前身は，谷戸地形の湿地や沖積平野を流れる後背湿地だった．水路網の発達により，台地や段丘，扇状地などの林や草地も水田に転換されたが，その面積は国土全体の水田面積からすれば大した量ではない．約100年前には日本には2100 km^{2}の自然湿地があったが，現在では60%が消失して820 km^{2}になった(国土地理院2000)．現在の水田面積は25000 km^{2}であるから，水田が湿地性の生物の生息地として果たす役割は相当大きいはずだ．

生物多様性の保全を実現するためには，国立公園などの自然保護区を設け，開発や利用を制限するという発想はごく自然である．公害や自然破壊が世間を賑わせた高度経済成長期の末期には，一般人はもちろん研究者であってもそう考えていたはずだ．だが，最近はそうした保護区の発想では限られた生物しか守れないことがわかってきた．たしかに国立公園や国定公園には，広大な天然林が含まれていて，哺乳類や爬虫類の絶滅危惧種の生息地は保護区でそこそこカバーされている．だが，鳥や昆虫，両生類は農地や草原，里山林に棲む種が多いため，それらの分布域の約2割しか保護区にかかっていない（環境省2012）．こうした生物の分布と保護区のギャップを埋めるには，希少種が生息する農地景観を特定し，食料生産と生物の保全の両立をはかることが肝要である．海外でも似たような状況で，ドイツでは，絶滅危惧種の25%が保護区に棲んでいるが，50%は農地景観に依存しているという（Tscharntke et al. 2005）．

保護区で生物をしっかり保全するという考えと，農地や里山景観など人の営みのなかで生物を保全していくという考えは，一見対立的に思えるかもしれないが，むしろ補完的と考えるべきである．前者は古くからあるゾーニングの発想であり，近年では土地スペアリング（land sparing）とよばれている（図2.6）．後者は同じ場所で人間の生業と生物の保全の同時実現を目指すもので，土地シェアリング（land sharing）とよばれている．土地シェアリングは，欧米の集約的な農業や熱帯林の収奪的利用の反省から，環境調和的な農林業の模索の一環として出されたアイディアである．日本人は古来より里山の営みのなかで，土地シェアリングを意図せず実践してきたといっても過言ではない．

農地の生物を考える際には，保全以外に忘れてはならない視点がある．農地は食料生産の場であるから，農業に害や益になる生物に注目すべきである．水田に限らず，また洋の東西に限らず，作物生産はつねに害虫に悩まされてきた．農地は土地生産性，労働生産性いずれの観点からも画一的な環境が好都合であるが，そうした環境は作物に特化した害虫（害鳥や害獣も）にとっては格好の

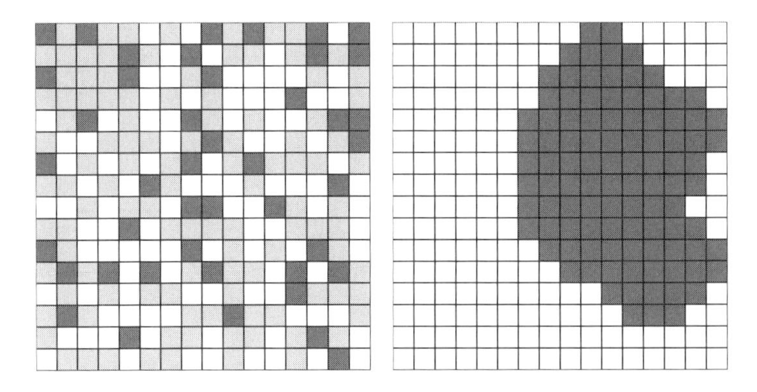

図 2.6　土地シェアリング（左）と土地スペアリング（右）の概念図.
色の濃さが自然度の高さを表し，薄い場所は宅地や集約的な農地を示す.

棲み家になる．応用昆虫学や応用動物学の目的は，まさに害虫をいかに管理するかを研究することにある．近年は生物多様性保全の機運の高まりから害虫問題がかすみがちであるが，農業の持続性を考えるうえでは必須の視点である．

(2)　水田に依存する生物たち

日本の水田には 3000 種の動物と 2000 種の植物が記録されている（桐谷 2010）．そのなかには保全対象種，害虫，その天敵（益虫）がいる．さらに，そのどれにも該当しない，重要かどうかわからない種もたくさんいる．だが，過去の歴史をみればわかるとおり，普通種が絶滅危惧種になることもあるし，害虫がまれな種になることもある．さらに，実害も希少性もない種であっても，天敵や希少種の下支えに貢献しているかもしれない．何が重要で何が重要でないかは，その時の状況によって変化するものである．

ここではまず繁殖や採食の場として水田に強く依存している鳥類と両生類，水生昆虫について紹介する．これらは，仮に日本で稲作が完全に行われなくなれば，まず確実に絶滅しそうなグループである．そのつぎには水田害虫に注目する．害虫も時代とともに変遷するが，それにも人為活動の変化がかかわっているようだ．そして最後に，農地景観の特徴である環境の異質性やモザイク性と生物多様性の関係について論じる．水田は人為により環境が季節的に激変する生態系である．だから水田の生物はそこだけで生活史を完結することは困難

図 2.7　水田で採食するチュウサギ（左）とトウキョウダルマガエル（右）.
ともに環境省の準絶滅危惧種である.
写真：（左）片山直樹,（右）馬場友希.

で，水田外の環境とのつながりで生き延びていることが多い．そのつながりの理解は，希少種の保全にとってはもちろん，害虫管理にとっても重要な視点を与えてくれる.

日本では数多くの鳥類が水田をおもな採食地としている．このなかには，トキやコウノトリ，ガン類，ツル類，サギ類など，希少性の高い大型水鳥が含まれている．これら鳥類は，もともと広大な湿地に暮らしていたものが，水田に依存するようになったと考えられる．江戸時代には水田の広がりで生息地が拡大したのはもちろんだが，将軍家が鷹狩のために定めた禁猟政策により，水田地帯で水鳥類が急増したらしい．第1章でも書いたように，水鳥が飛び立つと羽音が轟音のようだったという記録がある．また埼玉県に大規模な野田のサギ山ができたのもこの時期だった. 関東をはじめ日本はもともと湿地が多い国で，水鳥などの湿地性の生物の宝庫だったが，後背湿地が水田に転換される前は，ヨシなど背の高い抽水植物が生い茂る環境も多かったと思われる．それは必ずしもサギやトキにとっていい採食環境ばかりではなかっただろう．実際，チュウサギ（図 2.7 左）やトキは水深が深い水路などではほとんど採食しない．その点，水田は 10 cm 前後の浅い水面が一面に広がるので，これら鳥類の採食地としては申し分ない. おそらく，弥生時代から徐々に個体数を増やしはじめ，江戸時代にピークを迎えたと思われる．しかし，明治期以降の乱獲や乾田化，農薬使用などで一気に数が減ったに違いない.

両生類は水田に依存している種が多く，本州に棲む 16 種のうち 11 種が水田をおもな繁殖地としている（Miyashita et al. 2014）．アマガエルをはじめ，トノサマガエル類（図 2.7 右），アカガエル類がその代表である．2012 年に発見されたばかりの佐渡固有種サドガエルも同様で，ため池の繁殖地が数か所知られている以外は，すべて水田である．止水性の両生類にとって，水田には何重ものメリットがある．水深が浅く貧酸素状態になりにくいこと，栄養塩が豊富で水温が高いため幼生（オタマジャクシ）の餌となる藻類が豊富に繁茂すること，適度に干上がることで天敵である魚類が永続的に棲みつくことがないこと，などである．カエルが多ければ，それを餌とするチュウサギやトキにとっても好適な餌場になる．とくにチュウサギはカエルの幼生を主食としているようで，幼生が多い水田に降り立って採食している．さらにタヌキやサシバなどの生態系の高次捕食者もカエルやその幼生を好んで食べている．佐渡島では，水田に産卵するヤマアカガエルの幼生をタヌキが食べにきてイネを踏み荒らすので，あらかじめカエルの卵塊を水田から除去するという話を農家の人から聞いたことがある．また江戸時代の福井県で出版された書物によれば，いまは絶滅したニホンカワウソがカエルの幼生を食べに夜な夜な水田に出没していたらしい（武井 2015）．カエルは成体になると水田の昆虫などを食べる捕食者であるが，カエル自身も幼生か成体かにかかわらず，ほかの生物にとって重要な餌となっている．水田生態系の食物連鎖（食物網ともいう）の中核を占めている生物である．

ただ，一時的止水域という特徴は「諸刃の剣」でもある．戦後各地に広がった圃場整備は，農業の機械化や効率化に大きく貢献したが，水田に棲む生物にとってはさまざまな災禍をもたらした．乾田化はなかでも大きな問題の 1 つである．圃場整備が行われる以前の早春の水田では，排水をしているとはいえ，雨水や地下水などで自然に水がたまり，この時期に産卵するアカガエルにとっては絶好の場所だった．ところが圃場整備が行われた水田では，春の湛水期まではカラカラの状態になり，カエルの卵や幼生が棲める環境ではなくなった．千葉県北部の例によれば，整備後数年でニホンアカガエルがほぼ絶滅することがわかった（Kidera et al. 2018；図 2.8）．

イネの生育期に実施される夏期の中干しは，別の乾燥化の問題を引き起こし

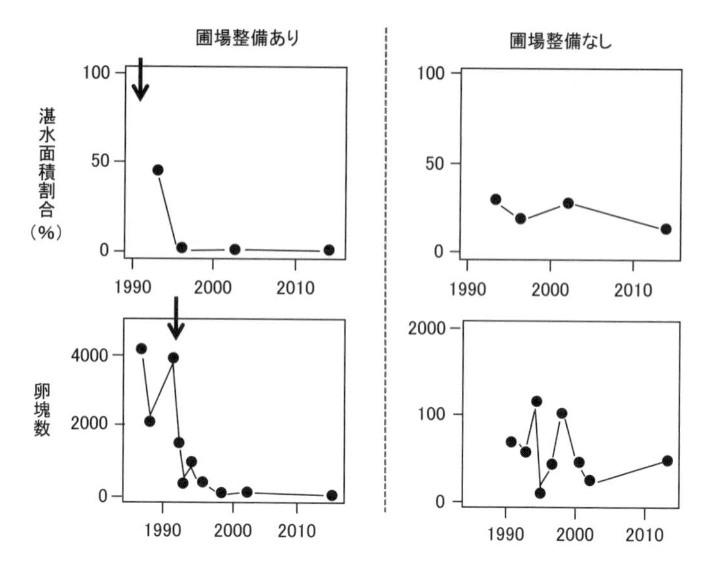

図 2.8 千葉県北部の２つの水田における早春の湛水面積とニホンアカガエルの卵数の年次変化.
矢印は圃場整備が行われた年.
Kidera et al. (2018) を改変.

ている. トノサマガエル類はアカガエル類と違って水田に苗が植えられたあと, つまり5月に産卵する. アカガエル類はユーラシア大陸の高緯度起源であるのに対し, トノサマガエル類は中緯度に起源をもち, 気温が高くなってから活動するからと考えられている (守山 1997). だから産卵期には水の心配はないが, 6月中旬からはじまる中干しによる乾燥化は大きなハードルとなる. 従来はこの時期までに変態を済ませて上陸する生活史が農事歴（年間スケジュール）とうまく合致していたが, 田植え時期がここ数十年で2週間ほど早まったため, 中干しも早まり, 幼生が中干しによる乾田で死滅するリスクが高まった.

つぎに昆虫に目を移すと, その種数は膨大になる. 先に3000種の動物が水田から記録されていると述べたが, その大半は昆虫である. 水田の水中に棲む昆虫はいわゆる水生昆虫であり, トンボ類, 甲虫類, 半翅類（カメムシ類）, 双翅類（ハエ類）などからなる. このうち水田でもっとも数を増やしたものはアキアカネ（いわゆる赤トンボ）だろう.

アキアカネはため池からも羽化しているが, やはり水田から羽化する数は桁がいくつも違う．1979年に埼玉県で行われた調査によれば，水田1枚あたり推定2万匹という膨大な数の終齢幼虫がいたという（Urabe et al. 1990）．トンボの幼虫は捕食者なので，当然それを支えるだけの動物プランクトンやユスリカ幼虫，イトミミズなどが豊富にいたのは間違いない．また，これだけの数がいれば，捕食者として食物網で果たす役割も大きいだろう．やはり埼玉県の水田での調査によれば，アキアカネの幼虫はシナハマダラカという吸血性の蚊（マラリア原虫がいる地域ではその媒介者となる）の重要な天敵となっているらしい．抗原抗体反応を用いて，アキアカネの幼虫の消化管内にシナハマダラカの幼虫成分が含まれている率を調べたところ，シナハマダラカが高密度の水田では80%のアキアカネ幼虫に陽性反応があり，低密度の水田でさえ10%の個体が陽性反応だった（Urabe et al. 1990）．低密度下では，なんとシナハマダラカの半数以上がアキアカネに捕食されているらしい．シナハマダラカを恒常的に低密度に抑える役割を担っていると考えられる．

アキアカネは，その名のように秋に忽然と現れるのではなく，平野部では6月中～下旬に水田からいっせいに羽化する．近縁のアカネ類と比べれば，むしろ早く成虫になる部類である．その後，高原などの高標高地で夏を過ごし，秋に水田に戻ってきて産卵するのはよく知られている．アキアカネの生活史は水田の農事歴に見事に適応している．秋の産卵期には水田はすでに水が抜かれているが，わずかに残された水たまりなどでも卵は十分に生存できる．卵は晩秋までに胚発生が進み，条件が整えばいつでも孵化できる状態になっている．春に水田に水が入ると1週間以内に孵化してヤゴになる．その後は水田のなかの豊富な餌を食べながら10齢まで成長し，平野部では6月中～下旬になるといっせいに羽化する．この時期は中干しの開始時期とほぼ符合している．孵化から羽化の期間が，ちょうど水田に水が安定的に確保されている時期にあたるのは単なる偶然ではなく，水田の農事歴に対応して進化した性質であると考えられる．弥生時代に稲作がはじまり，奈良時代までに水田が一定面積まで広がり，さらに江戸前期に広大な水田が開拓された歴史は，おそらく水田を生活の基盤とするアキアカネにも同様に適用できるに違いない．上田（2004）は，アキアカネが普通種になったのは水田稲作の開始以降であろうと述べている．本種ほどそのシナリオに説得力がある生物はほかにいない．

思い起こせば，昭和期には，晴れた秋空を眺めると上空に無数のアキアカネが群飛する光景がごくふつうにみられた．開発が進んだ高度経済成長末期でも，晩秋になると家の外壁にへばりつきながら夕日で暖をとる多数のアキアカネが目に焼きついている．農薬が普及した高度経済成長期は多くの水生生物が激減したが，アキアカネはあまりその影響を受けず，むしろ独り勝ちに近い状況だった．だが，21世紀を境に各地で急激な減少が報告されはじめた．1990年から2009年にかけて，数が1000分の1にまで減ったという推定もあり（上田2012；図2.9），府県の絶滅危惧種に指定している地域さえ出てきている．この急激な減少を示している地域は，ネオニコチノイド系農薬であるフィプロニルが広く使われている地域とほぼ一致している．ネオニコチノイド系農薬が使われていない地域では，いまでもアキアカネは健在らしい．だがアキアカネの減少には，中干し期の早まりも影響しているという指摘もある．トノサマガエル類と同様，羽化前に中干しがはじまれば，当然のことながら大打撃を受けるだろう．人間がつくった農事歴に適応した生物が，新たな農事歴の改変に苦しんでいるのである．それに対して新たな適応で切り抜けられるかもしれないが，広域かつ急激な環境変化には対応が難しいように思われる．

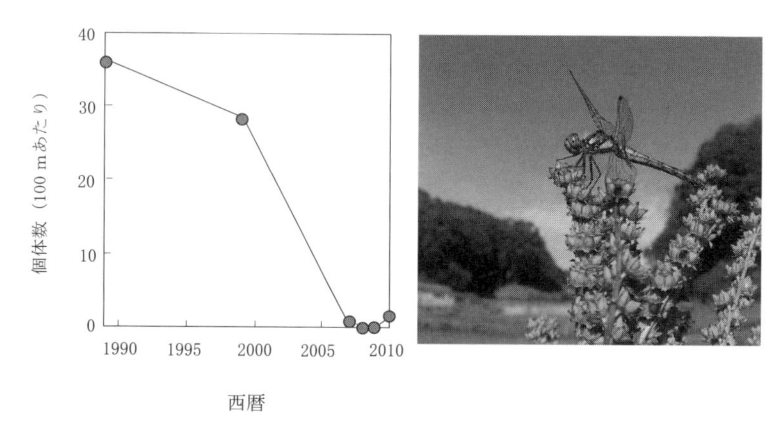

図2.9 白山山系におけるアキアカネの観察個体数の年次変化（左），および水田脇のアキアカネ（右）．
グラフ：上田（2012）を改変，写真：宮下俊之．

(3)　水田の害虫

水田稲作の害虫は，古くからウンカやメイチュウ，イチモンジセセリなどが知られていた．ウンカは飛鳥時代にも2度の大発生があったらしいが，元禄時代からその回数は急激に増えてくる．これは資料自体が残されやすかった可能性も否定できないが，急激かつ桁違いの回数からすると，実態をほぼ反映しているとみてよい．江戸時代は何度かの大飢饉に見舞われたが，最初の享保の飢饉（1732年）は西日本を中心にしたウンカの大発生が原因とされている．大発生がこの時代から増えた背景には，気候条件ではなく金肥の普及があると考えられている（瀬戸口 2009）．金肥は魚肥（おもにイワシやニシン）や油粕（菜種や大豆）である．それまでは緑肥や厩肥などの自給肥料を使っていたが，山野の荒廃などで金肥への依存度が高まってきたのである．とくに魚肥はリンの含有量が高く即効性のある肥料で，米の生産性の向上に大きく寄与した．だがイネの栄養価の高まりは，それを食べる害虫の生存率や繁殖率を高め，大発生を誘引したと考えられる．

イネを害するウンカは，セジロウンカ，トビイロウンカ，ヒメトビウンカの3種が主である（図2.10）．水田内に集中的な被害が出るため，その様子は坪枯れともよばれている．ウンカは茎を吸汁してイネを弱らせるだけでなく，ウィルス病も伝播するので被害が増幅される．セジロウンカとトビイロウンカは，イネ以外の植物では生育できないので，稲作とともに激増した生物であろう．この2種は日本では越冬できないため，梅雨の時期になると東南アジアから中国南部を経由して日本に飛来する．いまでも西日本中心に被害はでているが，農薬などの普及で大被害には至っていない．

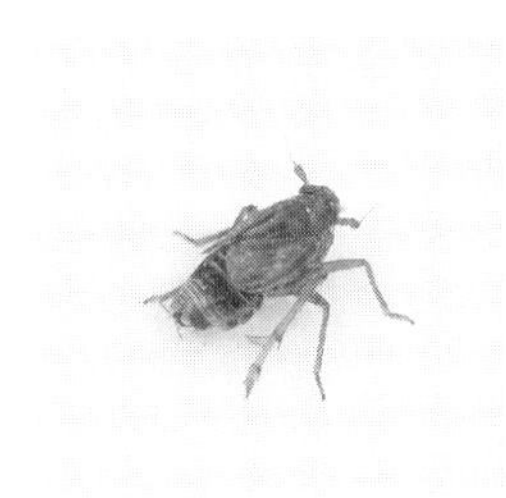

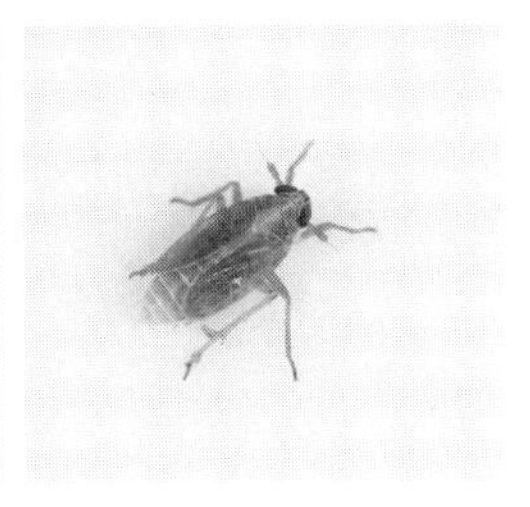

図2.10　イネを加害する3種類の代表的なウンカ類．
左：トビイロウンカ，中央：セジロウンカ，右：ヒメトビウンカ（写真：馬場友希）．

戦後，ウンカと並んで重要害虫となったのはサンカメイガとニカメイガである．この2種は近縁で，ともに幼虫はイネの茎に潜入して食害する．サンカメイガは戦後のBHC（ベンゼンヘキサクロリド）の普及でほぼ絶滅状態になったが，それに代わってニカメイガがまもなく増加した．江戸末期のウンカ同様，戦後の窒素肥料の増加による栄養状態の改善が大発生の原因とされている．これに対してパラチオンという有機リン系農薬が普及した．農家の人はいまでも農薬散布のことを「田んぼを消毒する」というが，それはパラチオンの散布がはじまりとされている．パラチオンは人体への有害性が高いことがわかったため，日本では1971年に使用が禁止され，代わって低毒性のスミチオンなどが普及した．ニカメイガも1970年ごろから急減し，いまでは見つけることすら難しい昆虫になってしまった．農薬の普及もあるが，それ以上に水田の経営形態の変化や品種改良の影響が強かったらしい．稲刈りの早期化により第2世代の成虫の産卵が阻害されたこと，米の収量増産のために茎数と穂数が多いイネが品種改良で普及したこと，収穫時のバインダーの使用で幼虫が圧死したこと，土壌改良のためにまかれたケイ酸カルシウムの施肥で幼虫の生存率が低下したこと，などの複合要因と考えられている（桐谷ほか2009）．このうち品種改良の影響についてはやや複雑である．本種の幼虫はイネの茎内で成長するため，茎が細いと十分に成長できない．茎数の多いイネの選抜はトレードオフの関係から茎が細くなるので，結果的に幼虫の生存率や体サイズの減少，そして小型化による産卵数の減少を招いたと考えられている．こうしてニカメイガは害虫からふつうの虫になったわけだが，害虫防除とは無関係の農業技術の進歩がそうさせたという興味深く示唆に富む事例である．

近年問題になっている稲作害虫はカメムシである．カメムシは作物の収量を減らすことはないが，未熟なイネの種子を吸汁することで，吸汁跡が米に黒い斑点として残る（図2.11右，口絵参照）．これは斑点米とよばれている．米の品質基準では，斑点米が0.1％混入するだけで一等米から二等米に落ち価格が下落する．この程度の斑点米の混入で味が落ちるわけではないが，見栄えが悪いので日本の消費者にとっては評判がよくない．著者（宮下）は以前，ジャワ島の山間部の水田を訪れたことがあるが，水田に相当な密度でカメムシがいて驚いたことがある．同行した地元の研究者に防除しなくてよいか尋ねたところ，

図 2.11　アカスジカスミカメ（左），およびそれに加害されて黒ずんだ斑点米（右）（口絵参照）．
写真：（左）馬場友希，（右）高田まゆら．

収量が減るわけではないから農家は気にしないといっていたのが印象的であった．

斑点米の「被害」を引き起こすカメムシは斑点米カメムシと総称され，アカスジカスミカメがその代表である（図 2.11 左，口絵参照）．斑点米カメムシは，イネが出穂するころに水田に侵入するが，それ以前は畦畔，道路や河川の土手，耕作放棄地などのイネ科草本で暮らしている．斑点米カメムシの多発生は，減反に伴う耕作放棄地などの繁殖に適した場所の増加や，温暖化による冬の死亡率の減少や世代数の増加などが原因と考えられている（桐谷 2009）．また，アカスジカスミカメの好適な宿主である外来牧草のネズミムギが土手や放棄地に広がっていることも一因と考えられている．これら要因を生物多様性の危機要因から整理すると，第 2 の危機（耕作放棄），第 3 の危機（外来牧草），第 4 の危機（温暖化）である．ウンカやニカメイガの例でもそうだったが，害虫は自然発生するわけではなく，根源を辿れば人間による環境改変が引き起こした産物である．近代技術の進歩が思わぬ怪物をつくり出したという，どこかで聞いた話とよく似ている．

(4)　水田の雑草

植物の生育場所としての水田の特徴を一言で表現するならば，「強い攪乱が頻繁に加わる湿地」である．毎年の代掻き，頻繁な除草作業，さまざまな作業

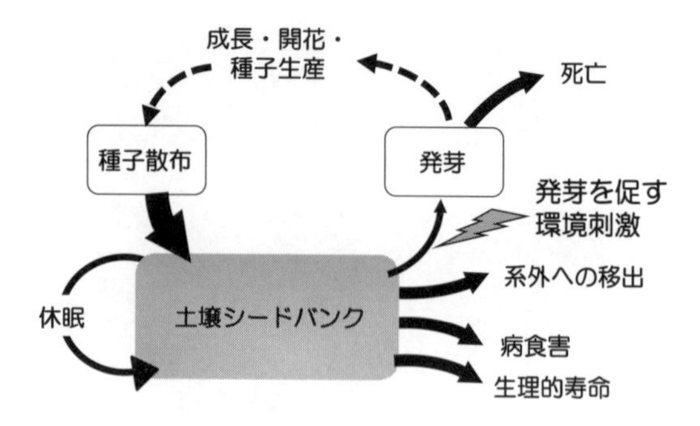

図 2.12　土壌シードバンクの役割と動態の概念.
土壌シードバンク中の種子は，生育に適した条件になるまで土壌中で休眠を続ける.

に伴う踏みつけは，すべて植物の生育環境の攪乱である．攪乱が高頻度で生じる環境では，短命で小さなサイズでも開花し，多くの種子を生産し，土壌シードバンクを形成する植物が有利になる．こうした生活史の特徴はr戦略とよばれている．2.1節で紹介した内的増加率のrに基づくもので，競争者が少ない「空いた環境」で，いかにすばやく数を増やすかを目指した生活史といえる.

土壌シードバンクとは，埋土種子集団ともいい，発芽能力を維持したまま土壌中で何年にもわたり保存される種子の集合である．ほかの植物が優占している条件や種子が土壌の深い場所におかれている条件では発芽せず，裸地的な環境になるまで「待つ」ことを可能にする（図2.12）．r戦略の植物はたいてい光をめぐる競争には弱いので，環境が安定しているとほかの植物に負けて生育できなくなる．タネツケバナ，アゼナなどの水田雑草は，攪乱がないと生育できない植物ということで攪乱依存植物ともよばれる.

これら水田の攪乱依存植物は，人間が稲作を開始する以前は，河川の氾濫原をおもな生育場所としていたと考えられる．氾濫原は，洪水とそれに伴う土砂の侵食や堆積，河川の流路の移動などにより，強い攪乱が頻繁に生じる．そのような環境を人は水田に変えてきた．水田の耕作は，それまでの洪水による攪乱を人による攪乱で代替することで，攪乱依存植物に生育環境を提供することになったものと考えられる.

水田の植物と人の関係は，氾濫原の植物に代替生育地を提供しただけではない．稲作が植物の進化を引き起こした例もある．タイヌビエというイネ科植物は，植物の外見，サイズ，種子成熟時期などもイネとよく共通している（図2.13）．このためイネに紛れ，除草されにくく，稲刈りのときに種子が脱落し，翌年も生育することができる．このような植物は擬態雑草とよばれる．

図2.13　タイヌビエ（写真：浅井元朗）

圃場整備による乾田化や除草剤の普及が進んだ1960年代以前の水田は，攪乱依存性の植物が数多く生育していた．農学者・笠原保夫博士が1951年にまとめた日本国内の水田雑草のリストには180種の植物が記録されている（笠原1951）．しかし，これらの植物には現在の水田では滅多にみられなくなっている種も多い．実際，笠原リストに掲載されている植物のうち19種が，環境省のレッドリストに掲載されている（表2.2）．オオアブノメ，ミズマツバ，ミズオオバコなど「絶滅危惧水田雑草」は，稲作開始以前は河川の氾濫原に生育しており，水田開発が進行しても，おそらく弥生時代から戦後の近代化の時代までは水田に「雑草」として存続してきたものと考えられる．しかし除草剤の使用などの近代化のなかで，水田は代替生息地としての機能を失い，また元来の生育地であった氾濫原は河川改修によって改変され，国内全体から生育場所を失ったものと考えることができる．

表2.2　笠原安夫（1951）による「本邦水田雑草リスト」に掲載されている，環境省レッドリスト掲載種．笠原リストに掲載された害草度と，レッドリストのランク（EN：絶滅危惧IB類，VU：絶滅危惧II類，NT：準絶滅危惧）を示す．

和名	害草度	レッドリスト
ヒンジモ	中	VU
アギナシ	中	NT
スブタ	中	VU
トリゲモ	弱	VU
ミズオオバコ	弱	VU
コバノヒルムシロ	弱	VU
ミズアオイ	中	NT
タチモ	中	NT
アゼオトギリ	中	EN
ミズキカシグサ	中	VU
ミズマツバ	中	VU
ヌカボタデ	弱	VU
オオアブノメ	弱	VU
カワヂシャ	中	NT
ミゾコウジュ	弱	NT
タヌキモ	中	NT
デンジソウ	中	VU
オオアカウキクサ	中	VU
サンショウモ	中	NT

(5) 農地と周辺環境とのつながり

海外は農地の規模が大きいため均一な景観が広がっているが，日本の農地景観は異なるタイプの土地利用がモザイク状に組み合わさっている．国土面積のうちで森林が68%，農地が12%を占めているので，農地と森林が近接することが多くなる．里山の景観は，まさに森林と農地を中心に，草地や宅地が混在する景観である．農地のうち水田は一時的にせよ水域環境をつくり出すので，隣接する森林との対比が際立つことになる．景観の異質性は，通常こうした土地利用タイプの組み合わせで表現される．だが，少し小さなスケールでみると，水田稲作では水路と畦畔が水田とセットになっている．水路や畦畔は地図上での判別は困難だが，それらが隣接することは稲作にとってはもちろん，異なる生息地を提供するという意味で生物にとっても重要である．こうした大スケールでの土地利用の異質性と，小スケールでの異質性という2重のスケールでの異質性は，農地景観における生物多様性の維持機構を考えるうえで大変重要である．

生物のなかには，生活史を全うするために2つ以上の異なる生態系を必要とする種が少なくない．水生昆虫や両生類はその典型である．ともに幼虫や幼生期は水中で過ごし，成虫や成体になると陸域で暮らす．このように，2種類のタイプの生息地がたがいに補完しあって生物の集団を維持している現象を「生息地補完」（habitat complementation）という（Dunning et al. 1992, 宮下ほか 2012）．水田生態系に棲む動物や昆虫では生息地補完はかなり普遍的で，希少種の保全や害虫の管理を行ううえではほぼ必須といえる．

(6) つながりで生きる希少種

両生類のなかでも成体になると森林で暮らし，繁殖期にだけ水田に戻ってきて繁殖を行う種がいる．トノサマガエル類やツチガエル，サドガエルなどは一生水田の周辺に暮らすが，アカガエル類やモリアオガエル，サンショウウオの仲間は変態して上陸するとすぐに森林に移動する．森林の林床で土壌動物などを食べて成長し，性成熟してから水田に戻って繁殖する．カエル類は1～2年で成熟できるが，サンショウウオは成熟まで約5年かかる．

佐渡島に棲むヤマアカガエルとモリアオガエル，クロサンショウウオは，ど

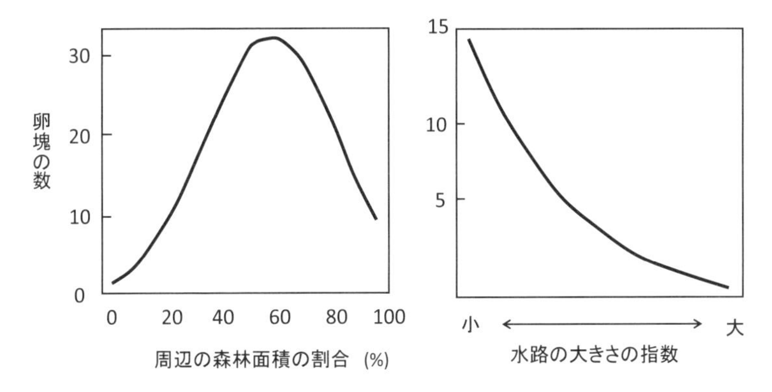

図 2.14 佐渡島の水田におけるヤマアカガエルの卵塊数を決める要因.
周辺（半径 300 m 以内）の森林面積の割合（左）および水田脇の水路の大きさの指数（深さ×幅の相対値）（右）との関係.
Kato et al.（2010）を改変.

れも水田で繁殖するが，水田と森林が適度に混ざった景観で個体数が多くなる（宇留間ほか 2012）．一方で，水田付近で一生暮らすサドガエルでは周辺の森林の効果はまったく検出されない．ヤマアカガエルでは，半径 300 m 以内に森林と水田が 6：4 の面積比で存在する水田で個体数が最大になる（Kato et al. 2010；図 2.14 左）．300 m というスケールは，近縁種のニホンアカガエルを個体識別して移動・分散を調べた結果とほぼ一致している．ただし，こうした好適な景観であっても，3 面張りの深いコンクリート水路が水田と森林のあいだに存在すると，個体数が明らかに減少する（図 2.14 右）．ヤマアカガエルはアマガエルなどと違い足裏に吸盤がないので，垂直で深いコンクリート水路に落ちるとよじ登ることができない．こうした水路はヤマアカガエルの水田と森林の往来を遮断するため，個体数が減ってしまったのだろう．当然のことながら，生息地補完の効果は生息地のつながりが絶たれれば，たとえ土地利用として隣接していても発揮されない．とくにカエルのように移動性が限定される生物で分断の効果は大きくなるはずだ．

鳥類でも農地と森林のつながりで暮らしている生物がいる．サシバは猛禽類の一種で，早春に東南アジアから日本に渡ってきて繁殖する（図 2.15 左）．里山のシンボルとして有名なためか，サシバの生態についてはかなりよく調べられている．サシバが好んで棲む場所は，森林と水田の境界の長さ，つまり林縁

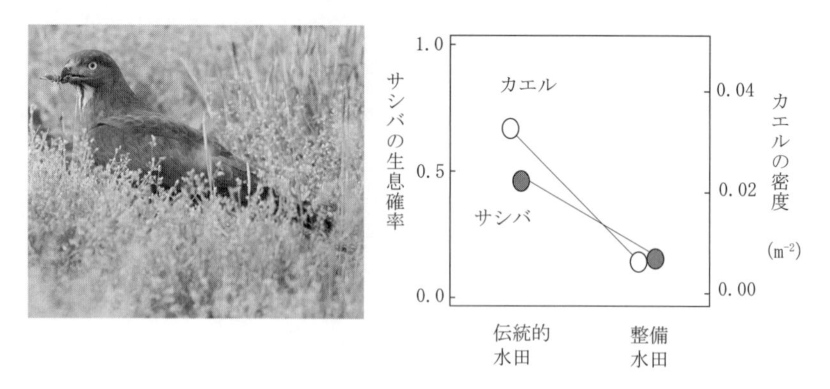

図 2.15　水田近くの草地に降り立ったサシバ（左），および圃場整備の有無とトノサマガエルの密度，サシバの生息確率の関係（右）．
写真：野中純，グラフ：Fujita et al. (2015).

が長い環境である．サシバは森林で営巣することに加え，春から初夏にかけて盛んに水田でカエルや小哺乳類を食べるからである．サシバの縄張りは約1 km^2 で，その中に水田と森林が含まれる必要がある．

サシバは水田との林縁長が長い環境で生息確率が高まるが，そうした生息地の構造だけでなく，水田に棲むカエルの密度にも影響される．ではカエルの密度は何で決まるかというと，森林からの距離のほかに，水田の圃場整備の状況に強く影響される．以前にアカガエルが圃場整備の乾田化で激減したと述べたが，トノサマガエルも同様である．島根県での調査によれば，圃場整備で給水栓が設置された水田が多いと，トノサマガエルが減り，さらにサシバも減ることがわかっている（Fujita et al. 2015；図 2.15 右）．給水栓とは，地下のパイプラインを通して水路と水田のあいだの給排水を効率的に行うための装置であり，乾田化の指標になる．乾田化により生息地が劣化すれば，たとえ景観の異質性が存在しても，生息地補完がはたらかなくなることを意味している．

サシバが春から初夏に水田で餌をとるというのは常識のようになっていたが，最近の著者（宮下）らの研究により，九州北部の二毛作地帯ではそうではないことがわかってきた．この地域では水田の裏作として麦や大豆を栽培するので，田植えが6月下旬と大幅に遅れる．つまりサシバが早春に渡来して初夏に育雛する時期には水を湛えた水田がなく，カエルなどの湿地性の餌がいないのである．この地域では水田に代わって荒れ地や果樹園の脇の草地を採食に利用している．実際，サシバの生息確率も，荒れ地や果樹園と接した林縁が多いほど高く，バッタなどの節足動物をよく食べていることがわかった（Fujita et al. 2016）．九州は冬でも温暖なため，早春でもツチイナゴなど成虫越冬した大型のバッタ類が多く，トカゲの密度も高い．また初夏になると，キリギリスが東日本とは比較にならないほど高密度で生息している（鬼頭ほか，私信）．こうした餌生物相の違いが，水田から草地への生息地の切り替えを可能にしたのだろう．東日本では成虫越冬したバッタ類や大型昆虫が早春から初夏にはほとんどいないので，水田で餌をとらざるを得ないのであろう．

九州北部は弥生時代に稲作が伝来した地域だから，2000 年以上にわたって水田があったはずだ．また二毛作が西日本で広まったのは室町時代だから，サシバにとって水田に餌場としての価値がなくなってからすでに 600 年ほどたっていると思われる．サシバは採食環境として価値を失った水田から，餌がそこそこ多い草地に利用場所を変えたのであろう．サシバは元来湿地性の鳥ではないので，そうした切り替えで環境人為改変を柔軟に乗り切ることができたに違いない．

(7)　つながりと害虫・有用昆虫

農地と周辺環境のつながりは，作物生産のうえで重要な害虫や天敵，そして送粉者についても当てはまる．農業経営の観点からすれば，それらに注目することこそ重要であろう．

水田害虫として近年大きな問題になっている斑点米カメムシ（以下カメムシ類）を例に挙げよう．カメムシ類は年に数世代くり返す多化性であり，春から初夏にかけては畦畔，道路や河川の土手，耕作放棄地などで世代を維持している．イネの穂が出ると水田に侵入し，籾を吸汁して加害する．つまり，通年でみれば，水田と周辺の草地を行き来しているので，生息地のつながりが重要になるのは明らかである．イネの出穂期の前に畦畔のイネ科雑草を刈りとると，カメムシの被害が軽減することが知られていたが，耕作放棄地でカメムシ類の密度が非常に高く，そこからの移動も重要であることがわかってきた．宮城県の調査によれば，半径 400 m 以内に存在する耕作放棄地の面積が多いと，水田内のアカスジカスミカメの密度や斑点米の量が増えることが示された（Takada et al. 2012）．耕作放棄地にはアカスジカスミカメが好むイネ科草本が繁茂していて，そこが発生源となっていたのである．カメムシが増加する前に耕作放棄地の雑草を刈りとれば，水田への被害も軽減できる可能性が高い．カメムシが水田に侵入したあとで対処療法的に殺虫剤をまくことも必要かもしれないが，天敵も減らしてかえってマイナス効果が出る可能性もある．発生源を叩くことのほうがより確実で安全な防除法であろう．

天敵についてもやはり周辺の景観によって個体数が変化する．水田で優占するアシナガグモ類は，さまざまな昆虫を捕食する造網性のクモであり，害虫の潜在的な捕食者である．アシナガグモ類は半径数百 m 以内の森林面積が多いと数が増える．ただヤマアカガエルやサシバのように，森林と水田を往来する生物ではないので，なぜそうなるのか不思議である．著者（宮下）らの調査によれば，アシナガグモ類の数は水田から羽化してくるユスリカなどハエ目の数と相関があり（Tsutsui et al. 2016；図 2.16 左），どうやら餌であるユスリカの環境選好性と関係があるらしい．だが，なぜユスリカが森林に近い水田で多いかの理由はわかっていない．興味深いことに，イネの害虫であるヒメトビウンカの個体数は，周辺の森林面積が多いと減少する（Baba et al. 2018）．これは本種が単にそういう環境を忌避しているのかもしれないが，アシナガグモ類の数との負の相関が強いので，その捕食で減少した可能性もある．アシナガグモ類がウンカの個体数を制御しているという直接証拠は乏しいが，両者の個体数の負の関係はほかの調査地でもみられるので，天敵としての効果があるのかもしれない．

天敵以外の有用昆虫として最近注目されているのが送粉者である．世界に流通している作物のうち約 4 割は，昆虫など動物による送粉にほぼ全面的に依存している．リンゴ，ナシ，メロン，カボチャ，コーヒーなど，身近な果物や野菜についても枚挙にいとまがない．送粉者の主役はミツバチやマルハナバチである．一度に運ぶ花粉の量が多いうえに，セイヨウミツバチでは数万匹からなる大きいコロニーをつくるため送粉効率が高い．セイヨウミツバチとマルハナバチの一部は人工飼育されたものが市販され，作物の送粉に役立っているが，それ以外にも非常に多くの野生の昆虫類が送粉にかかわっている．

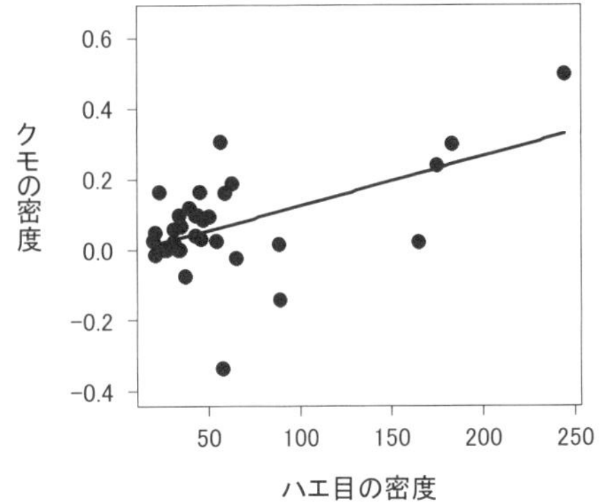

図 2.16　アシナガグモ類の密度と水田に棲むハエ目の密度の関係（左），およびアシナガグモ類の網にかかった大量のユスリカ（右）.
写真：筒井優.

日本で昔から栽培されているソバにも，さまざまな昆虫が訪花する．以前は稲作に向かない寒冷地や水の便が悪い山間地で栽培されていたが，減反政策で稲作からソバ畑への転換はここ十数年で盛んになっている．ソバは昆虫による送授粉がほぼ必須で，花に昆虫が通れない細かな網をかけるとほとんど結実しない．だが 5 mm ほどの小型昆虫だけが通れる網をかけると，何もしない対照区の半数ほどの花が結実する（Taki et al. 2009；図 2.17）．つまり，ミツバチやマルハナバチなどの比較的大型の昆虫と，ハエやアブなどの小型の昆虫が送粉に貢献する程度はほぼ五分五分である．

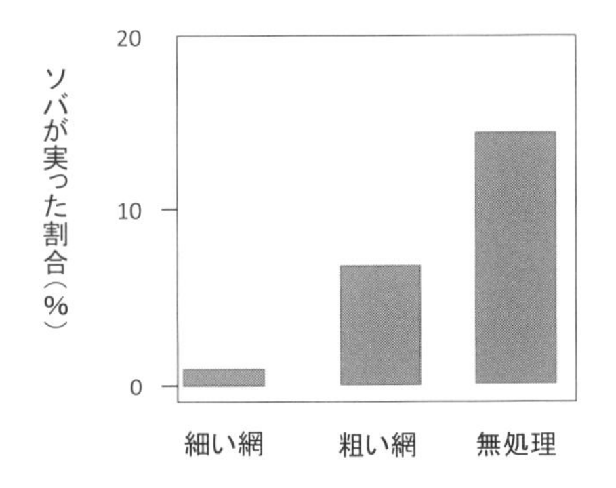

図 2.17　実験的に網掛けを行ったソバの花のうちで結実した花の割合.
Taki et al. (2009) を改変.

ソバの送粉についてもやはり景観構造が効いている．茨城県での調査によれば，ソバの結実はソバ畑から半径 3 km 以内の森林面積が大きいと高まることがわかっている（Taki et al. 2010）．ソバ畑に訪れるニホンミツバチの個体数もこのスケールの森林面積と相関が高かったことから，本種がソバの結実に貢献しているようだ．半径3 km という距離は，海外の近縁種で調べられた1～2 km という採食移動の距離よりやや大きいが，ほぼ妥当な数値である．ニホンミツバチは樹洞などで営巣するうえ，夏期には落葉広葉樹林の花を盛んに訪れることが知られており（藤原ほか 2014），森林面積とソバの送粉の関係はもっともなことである．ソバの結実はニホンミツバチだけでなく，ミツバチ属以外の昆虫（単独性のハチ，アリ，ハエ，甲虫などの比較的小型昆虫）の個体数とも関係があり，その数は半径100 m 以内の草地面積と相関があった．つまりソバの結実は，多種多様な訪花昆虫に支えられており，しかも周辺に存在する森林と草地という2種類の景観要素から底上げされているのである．これはまさに里山的環境が種々の訪花昆虫を育み，ソバの実りをもたらしていることを意味している．一方で，人間が設置したセイヨウミツバチの巣からの距離は，結実率と無関係だった．セイヨウミツバチは効率のよい訪花者として有名だが，自然が豊かな環境であればその助けを借りる必要はないのである．

一方で在来の訪花昆虫は，ソバの結実をもたらすだけでなく，ソバの花からも恩恵を受けているようだ．岩手県での調査によれば，秋のニホンミツバチの主要な訪花植物はソバだった（藤原ほか 2014）．ニホンミツバチとソバは，蜜の獲得と送粉を通してたがいに持ちつ持たれつの関係にあるようだ．ソバの花は蜜量が多く，面積的にも広がりがあるので，ニホンミツバチ以外の昆虫類に対してもプラスの影響を与えていそうである．こうした作物から訪花昆虫へのプラスの効果は，ヨーロッパでバイオ燃料として急速に栽培面積が拡大しているセイヨウアブラナ（以下菜の花）で調べられている（Diekötter et al. 2014）．菜の花は比較的短期間ではあるが大量の花をつけ，さまざまな訪花昆虫の蜜源となっている．半径1～2 km 以内の菜の花畑の面積が多い場所では，ハナバチの数が増えることがわかった．しかし，周囲に草地や林縁などの非農地があることも重要で，そうした場所で菜の花畑の効果がより発揮されるらしい．ソバも菜の花のようにダラダラと花が咲き続け，しかも最近は夏ソバと秋ソバの年2回の栽培も行われているので，菜の花以上に訪花昆虫に与えるプラスの効果が大きいかもしれない．だがそれでも，安定的に蜜資源を供給できる草地や林縁が周辺にあることは重要と思われる．

害虫の被害やその天敵による抑制，そして送粉者による結実は，どれも作物生産や収益に直結する．こうした生産者サイドのニーズは，とかく生物の保全という環境サイドのニーズと対立しがちだが，有効な景観構造という点からすれば共有できる部分が決して少なくないはずだ．

(8)　水田脇の水路と畦畔

水田は，秋の収穫後から翌春の入水前までは基本的に水が存在しない．イネの耕作中も，夏期に何度か断続的な中干しが行われ，乾燥する時期がある．この時期に森林や草地へ移動できる生物はともかく，移動性が低く水田周辺でしか暮らせない種にとって，水路や畦畔は重要な逃避場所になる．とくに水路は水田と同じ水域であるので，それを利用する生物は少なくない．

アシナガグモ類は春先までは水路にいて，水田に水が入るとそこへ移動する．水田はユスリカなどのハエ目が豊富で，水路よりはるかに面積が広いので，アシナガグモはそこで増殖することができる（Tsutsui et al. 2016；図 2.18）．稲刈り後は，水田には水がなく，造網の足場である稲株もなくなるので，大部分の個体は水田から姿を消し，水路で数が増える（図 2.16）．つまりアシナガグモは，水田と水路を季節的に使い分けることで集団を維持しているのである．

畦畔に棲むクモもやはり同じように水田を使っている．畦畔には初夏から秋まで一貫して高密度でコモリグモやコサラグモがいるが，田植え後に水田で

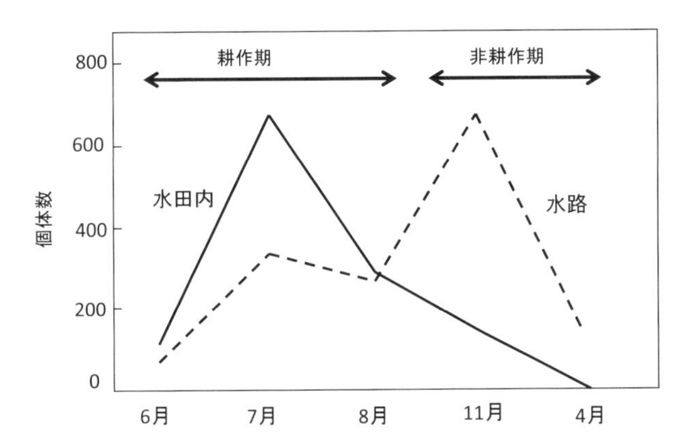

図 2.18　水田内と隣接する水路におけるハラビロアシナガグモの個体数の季節変化．
Tsutsui et al.（2016）を改変．

徐々に数が増え，夏から秋には高密度になる（小林ほか 1973）．水田から発生する小昆虫を狙ってのことだろう．ただイネ株の上に大きな網を張るアシナガグモと違い，コモリグモは地表徘徊性，コサラグモも植物の地際に小さな網を張るクモなので，水面はあまり利用できない．だから田面よりも畦畔のほうが季節を通して密度が高い（小林ほか 1973）．アシナガグモが水路と水田を相補的に利用しているのとは異なり，あくまで畦畔がおもな生息地といえる．ある生息地から別の生息地へ生物があふれ出すさまをスピル・オーバー（浸みだし効果）という．水田のコモリグモやコサラグモは，畦畔からのスピル・オーバーで維持されているといえる．だが，これらのクモ類はヨコバイやウンカの天敵としての役割が大きいため，農業にとっては有益である．水路や畦畔は，水田稲作で必須のインフラとしてだけでなく，害虫の天敵の維持にとっても重要なのである．

(9) 周辺環境の役割の違い

農地と周辺環境とのつながりについては，ヨーロッパの畑で盛んに研究が行われており，日本よりもずっと科学的な蓄積がある．だが，畑地での研究の多くは，周辺の林や草地から生物が移入することで，生物の多様性や害虫防除，送粉機能が高まっているというものだった．しかも，農地と非農地（自然地）という単純な対比が用いられることが多かった．これは，自然豊かな非農地から単純な生態系である農地へ生物がスピル・オーバーすることで，多様性や機能が維持されるという解釈である（図 2.19 下）．農地も非農地も同じ陸域環境には変わりないので，この解釈はもっともである．だが，水田は浅い水域環境で栄養塩も豊富である．水温が高く栄養塩も豊富な環境では，植物プランクトンや藻類の繁茂が旺盛で，それを食べる動物プランクトンや底生動物も豊かになる．これは水稲の収量が陸稲の収量より優っていることと同じ理屈である．食物連鎖により，高い生産性は水生昆虫や両生類，害虫，天敵などを増やし，ひいては哺乳類や大型鳥類にとって絶好の採餌環境を提供する．もちろん，農薬を過度に使えば生物の多くは死滅するが，水田は本来，農地景観のホットスポットのような場所である．これは畑地の生物が周辺からの移入で支えられているのとは対照的である．日本の里山景観はモザイク性が強調されてきたが，

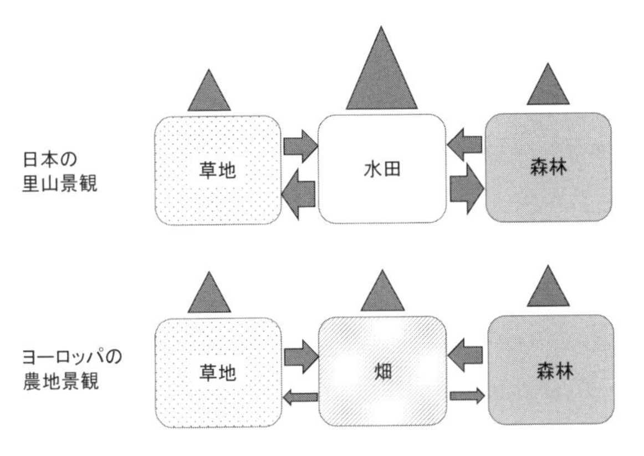

図 2.19　水田を中心とした日本の里山景観と，畑を中心とするヨーロッパの農地景観の特徴.
矢印の太さは生物の移動頻度の大きさ，三角形の大きさは生産性の違いに由来する食物連鎖の長さの違い.

水田という系がもつ高い生産性が里山モザイク景観の豊かさをさらに高めているといえる（図 2.19）．不思議にも，こうした特徴を端的に主張した人はだれもいない．今後，生産性や食物連鎖の長さを定量化し，検証すべきであろう．

2.3　草地生態系

(1)　草地の維持機構

温暖湿潤な日本の多くの地域では，放置すればやがて樹林が成立する．では日本において草地すなわち草本植物が優占する状態は，どのような条件で維持されるだろうか.

イギリスの生態学者グライムが提唱した「CSR 戦略モデル」は草地の成立や維持の機構を維持するうえで役に立つ．グライムは，植物が成長様式や繁殖タイミングについてとりうる戦略を，競争型（Competitor），ストレス耐性型（Stress tolerator），撹乱依存型（Ruderal）の 3 つの傾向に類型した（Grime 1977）．競争型は他種よりも資源獲得能力を高めるように進化した植物，ストレス耐性型は資源不足などで多くの種が生育しにくい条件でも存続できるよう

図 2.20 秋吉台の火入れ（写真：松井茂生）.

に進化した植物，攪乱依存型は嵐などで植物間の競争関係がいったんリセットされた直後の環境を利用するように進化した植物である．これらのあいだにはトレードオフがあり，競争に強い植物はストレスに弱い，攪乱を利用する植物は競争に弱い，というような関係が生じやすい．

樹木は草に比べると背が高く，光をめぐる競争において有利になる競争戦略型の植物である．競争力において樹木には劣る草地の植物が優占するのは，ストレスか攪乱，あるいはそれらの組み合わせが存在する場所である．広いススキ草原で知られる山口県の秋吉台は，貧栄養な石灰岩質の土壌というストレス条件であり，元来樹林が成立しにくい．さらに火入れによる攪乱が加わることで草原の状態が維持されている（図 2.20）．日本でもっとも広い草地である阿蘇においても，酸性で金属を多く含むという多くの植物にとってストレスの強い土壌であることに加え，火による攪乱が継続されることによって，草地が維持されている．

ストレスが弱い環境での草地の維持では，攪乱はより重要である．農業や生活のために草地を利用していた時代には，刈取り，火入れ，放牧といった攪乱により，草地が維持されていた．乾燥地，湿潤地を問わず富栄養化が進行しており，ストレスが緩和されている現在は，草地を維持するためには昔よりも高頻度の攪乱が必要になっていると考えられる．

(2) 火 の 機 能

草地の維持に寄与する攪乱要因として「火」はとくに重要である．日本において火は，人為以外の要因では滅多に生じない．アメリカやオーストラリアの乾燥地域では，落雷により自然に発火することがある．しかし日本では落雷が生じるときはたいてい雨が降っているので，そこから火事が生じることはきわめて少ないといわれる．現在の日本でも「山火事」は頻繁に生じるが，その原因はほぼ間違いなく失火である．

火は，植生の変化をもたらすほどの力をもつ道具としては，人類が手にしたもっとも古いものといえるだろう．風向きや地形，燃料となる枯れ草の分布を把握し，目的とする範囲を目的に応じて焼くには技術を要する．たとえば，焼き畑農業を目的とした野焼き（山焼き，火入れも同義）と，草地の維持を目的とした野焼きでは，火の扱いが異なる．焼き畑農業では，土壌中の雑草の種子を殺すことも重要な目的であるため，地中の温度が高くなるように，火がゆっくりと燃え広がるように制御する．これに対し草地管理の火入れは，木本植物の抑制や枯れ草の除去により，利用対象であるススキなどの植物が再成長しやすい条件を整えるために行う．このため火を速く動かし，地表付近や地中の温度が上がり過ぎない方法がとられる．

実際，草地の野焼きでは地上の温度は600℃を超える高温になるが，地表面や地下での温度上昇は小さい（図2.21）．このため，植物の種子や地下茎へのダメージは限られる．草地の野焼きは冬季に行うため，なおさらダメージは小さい．むしろ，大型の植物や枯れ草の除去，有機物の無機化による栄養の供給を通じて，多様な植物の成長を促進する．

攪乱依存型の植物には，山火事や野焼きが生じたことを検知して発芽する特性をもった植物が知られている．地中海性気候である西オーストラリアの山火事が自然に生じる地域では，煙に含まれる化学物質による刺激で発芽が促進される「煙誘導発芽」とよばれる性質をもつ植物が多く知られている．また，バンクシアやアメリカ北東部からカナダに分布するバンクスマツ（ジャックパイン）のように，山火事が生じるまで種子が散布されずに母樹に残る「樹上シードバンク」を形成する植物もある．

日本ではさほど明確に火に依存した植物は知られていない．しかし野焼きによってつくられた環境が多くの植物の発芽を促進することは間違いない．冬季に野焼きをすると，春における地表面の環境が大きく変化する．野焼きのあとの地表面は，昼は直射日光によって暖められ，夜は放射冷却によって大幅に温度低下するため，一日の中での温度の変更幅が大きくなる（図 2.22）．野焼きによってつくられた裸地を利用する植物は，高温や温度変動幅の大きさを発芽のシグナルとして利用している場合が多い．

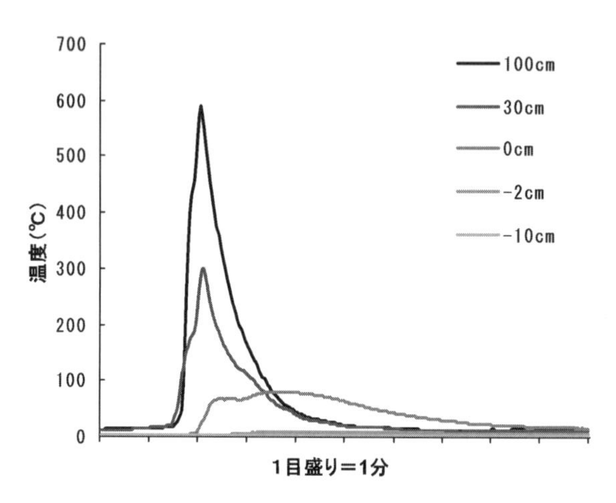

図 2.21　火入れ時の温度（小貝川河川敷にて）．
線の違いは地面からの高さの違いを示す．
データ提供：津田智．

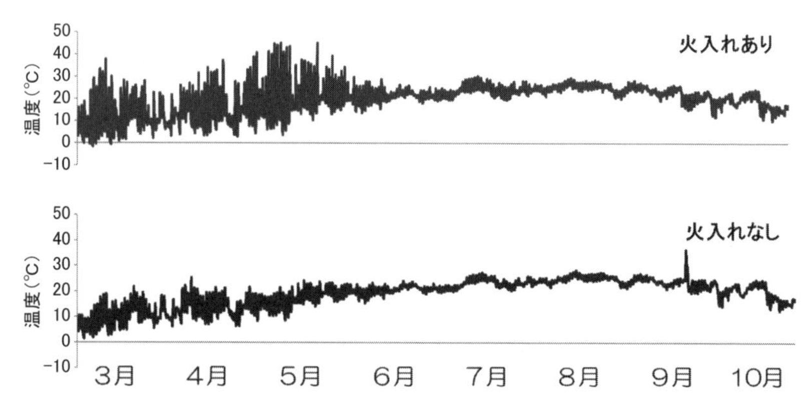

図 2.22　冬季に火入れをした場所（上）としていない場所（下）の翌春の地表面温度（小貝川河川敷にて）．

(3) 草地の維持機構の変化

日本列島において人間が草地維持のための火入れすなわち攪乱を加えはじめたのは，第1章で述べたとおりたかだか1～2万年前である．それ以前の日本列島における草地の生物の生育・生息環境の維持には，低温ストレスが重要であったと考えられる．そもそも草地の植物が日本に分布を拡大してきたのは，日本列島がサハリンそしてユーラシア大陸とつながっていた氷期であると考えられている（図2.23左）．実際，ススキ，ワレモコウ，ノハナショウブ，キジムシロなどは，ユーラシア大陸北方に起源をもつ植物である．現在でも，中国東北部から内モンゴルのステップにかけての地域に発達する「草甸（そうでん）」とよばれる草原にはこれらの種や近縁種が多く分布するという（田端1997）．これらの植物は，氷期に日本に分布を拡大し，その後，陸地の連続性が絶たれたあとも日本列島内に残存したと考えられている．そのため「大陸系遺存植物」とよばれる（図2.23右）．

気温が低かった時代には日本列島に広く分布を拡大したこれらの植物の生育地は，後氷期の温暖化に伴って木本植物が優勢になるにつれ，狭まっていった

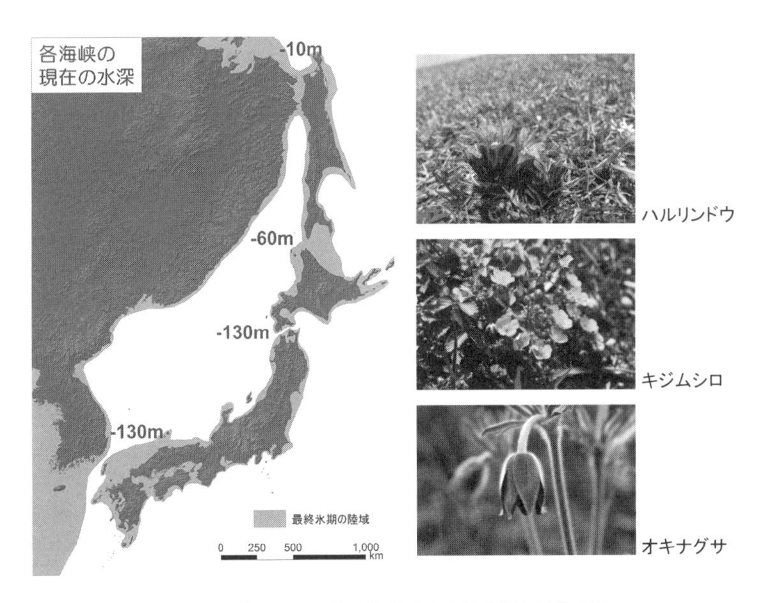

図2.23　最終氷期の日本列島（左）と大陸系遺存植物（右）．

ものと考えられる．しかしそのころには各地で人間による攪乱が盛んになってきた．草地性の植物の生育環境は，低温というストレスが果たしてきた役割を，人為による攪乱が代替することで維持されてきたものと考えられる．

日本の草地のほとんどは，人為攪乱なしには長期的な維持は困難である．それにもかかわらず，阿蘇，秋吉台，那須など，大規模な草原が残されている場所は，火山の近傍，海岸付近，石灰岩地など，人為の影響がなくても草地が成立しやすい場所に多い．地質的・気候的要因により成立していた草原を利用し，放牧などが盛んになり，それを維持するための人間活動が伝統的に行われてきたのだろう．植生の成立は自然要因のみ，あるいは人為的要因のみで説明するのは適切ではない．両者はダイナミックに相互作用をしながら，現在の自然をつくり上げてきたと考えるべきである．

(4)　イネ科植物が支える人間社会

草地生態系の基盤を構成するのはイネ科植物である．草刈りの頻度など，攪乱の強度により，ススキ，チガヤ類，シバというように優占種は異なるが，これらはすべてイネ科という同じ系統群に属する植物である．イネ科は世界的には約8000種が属する大きなグループであり，イネ，小麦，トウモロコシなどの主要な作物は，ほぼすべてイネ科である．また家畜の餌になる主要な牧草であるイタリアンライグラス（ネズミムギ），オーチャードグラス（カモガヤ），チモシー（オオアワガエリ）など，すべてイネ科植物である．イネ科植物と同様に作物としても家畜の飼料としても重要な植物にマメ科植物があるが，これらの植物の進化がなければ，人間社会はまったく異なるものになっていただろう．

イネ科植物にはいくつか顕著な特徴があるが，主要なものとして「成長点の位置が低い」ことが挙げられる（図2.24）．植物は葉や茎を切られても再生できる．しかしその再生のためには，成長点とよばれる分裂が盛んな細胞が集まった部位が残されている必要がある．多くの草本植物や木本植物は，茎の先端が成長点である．また茎から葉が出る付け根の部分（葉腋）にも小さい芽があり，そこが成長点になる植物も多い．これらの部分が残らない高さで切りとられてしまうと，基本的には植物は復活できない．

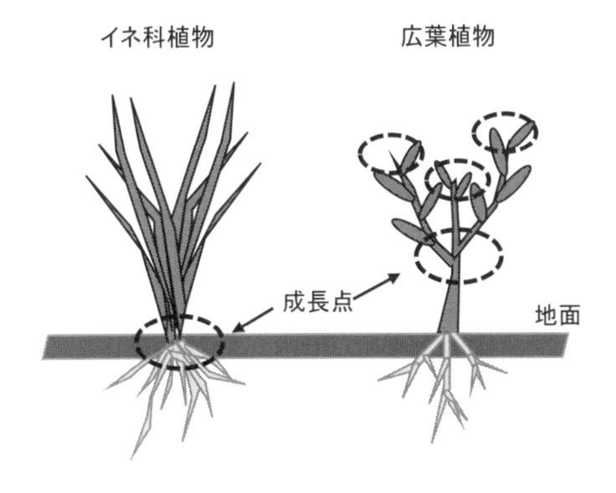

図 2.24　イネ科植物と広葉植物の成長点の位置.

ススキは地上 1～2 m の高さにまで成長する植物だが，成長点は地表面付近にあるため，地上部を食べられたり刈りとられたりしても容易に再生する．さらに，シバやチガヤは成長点が地下にあるため，地上部がすべて失われてもすぐに再成長できる．

成長点を地表や地下にもつというイネ科植物の性質は，被食などの攪乱に対する耐性として進化したのかもしれない．この性質のおかげで，草食動物からみれば，いったん草を食べた場所もしばらく時間をおけばまた食べ物を得ることができる．人間が家畜を飼うことができるのも，燃料・肥料・建築の材料などとして大量の草が利用できるのも，この再生能力の高さのおかげである．

(5) 茅葺き屋根と草地

いまのように自動車やトラクターが普及する以前には，農耕や運搬のためには牛馬が欠かせなかった．1 頭の牛を養うには，放牧地なら約 1 ha，採草地なら約 50 a は必要であったとされる．第 1 章で述べたように，草地は，餌の供給を介した畜産物の提供，茅葺き屋根の材料となる草の提供など，生活のために不可欠だった．戦後の近代化以前の日本人の生活は，草の生産量に依存していた．日本列島の長期的な人口動態をみてみると，江戸時代は 3000 万人くらいで長く横ばいであったことがわかる．鎖国により海外からの資源には頼らず，また化石燃料という過去の地球上での生産物に頼らず，日本の国土がもつ生産量が賄いうる人口，すなわち環境収容力は，およそこの程度の人口であるとい

図 2.25 茅葺き屋根（水戸市偕楽園の好文亭）.

えるかもしれない.

草地を構成するススキやカリヤスなどの大型イネ科植物は，屋根材としても重要であった（図 2.25）. 稲藁が屋根材として利用される屋根，すなわち「藁葺き屋根」もあるが，耐久性ではススキなどを用いた茅葺きには大きく劣る. 屋根として優れているのは，ススキ，カリヤス，オギなどを使った茅葺き屋根である. これらの植物も，種類によって太さや密度が異なるので，屋根のなかでも適材適所に使い分けられる場合がある. 屋根材として適しているのはまっすぐで直径のそろった茅であり，そのような茅は，火入れや丁寧な刈りとりによって，前年の枯れ草が残っていないような場所のほうが得やすい. 屋根材として利用する茅場の草地は，緑肥や飼料として利用する草地よりも，より丁寧な管理が求められる.

屋根材としての茅は，腐朽を防ぐため，水分が抜ける冬季に刈りとられる. 耐久性を増すために煙で燻す処理をする場合もある. さらに，かつての日本の住居では屋内で囲炉裏を使っていたため内側から燻され続け，多雨・多湿な気候にあっても腐敗しにくくなり，20〜30 年ほどは維持できるとされる. しかしこの寿命は当然ながら瓦屋根よりも短い.

かつての日本の多くの集落では，材料の採取から葺き替えの作業まで含め，集落を挙げての共同作業であった. 材料の茅の確保では，共同で採取した茅を順番に受けとって利用したり，各家で個別に採取したのちに茅の貸し借りをしたりすることで，まとまった量の茅を特定の家で利用できるようにし，屋根の葺き替え作業は村人総出で行うような相互扶助の仕組みが存在した（安藤 1983）．茅葺き屋根の維持は，地域の結束を維持する活動であったといえる．

1970 年代ごろまでは，少なくとも中山間地では茅葺き屋根はそれほど珍しいものではなかった．しかし，生活様式の変化や過疎化によって共同作業としての葺き替えが困難になったこと，拡大造林政策による草原の人工林化などにより草原が失われたことなどから，茅葺き屋根は急速に減少した．なお建築基準法では，防火をおもな理由として，茅葺き屋根の建物の新築は原則として認められていない．

このように，草地の植物の直接的な利用の必要性は，生活や農業の形態の変化によって大幅に低下した．このため，草地だった場所がほかの土地利用に転用されたり，維持するための管理が行われなくなり植生遷移が進行したりした結果，全国的に草地が減少した．茅葺き屋根での活用を可能にするまとまった量の草が採取できる場所も減少し，茅葺き文化の衰退に拍車をかけている．

(6) 妙岐の鼻湿原にみる人と自然のダイナミズム

屋根材としての植物利用と生物との関係の例として，著者（西廣）らが長く観察している霞ヶ浦の「妙岐の鼻」での知見を紹介しよう．霞ヶ浦の湖岸の浮島村（現在の稲敷市）にあり，浮島湿原ともよばれる妙岐の鼻湿原は，約 52 ha の面積をもつ低湿地である．ここには 300 種以上の植物の生育が確認されており，そこには 12 種のレッドリスト掲載種も含まれる．とくにカドハリイというカヤツリグサ科の植物は，おそらく世界でこの湿地にしか残っていない植物で，レッドリストでは絶滅危惧 IA 類というもっとも絶滅の危険性が高いランクに位置づけられている．

湿原内は全体にヨシが優占しているが，その下層の植生は場所によって異なっており，カサスゲが生える場所や，カモノハシというイネ科植物が生える場所がある．多くの絶滅危惧種は，全体の 50％に満たないヨシの下層にカモノハシが成育している場所に集中的に生育する（野副ほか 2010）．さらに，絶滅危惧種カドハリイは，カモノハシが生育し，かつ地表面にコケ類が生育する場所にのみ生育している．

図 2.26　しまがやの利用.

湿原全体の1割にも満たない「ヨシ・カモノハシ・コケ類が生育する場所」は，同時に，現在でも茅場として活用されている場所とぴったりと一致する．妙岐の鼻は「しまがや」とよばれる特別に高品質な茅の産地として，その分野では広く認識されている（図 2.26）．現在でも文化財的価値をもつ建物の屋根など，高級な屋根材として活用されている．この「しまがや」は通常のヨシではなく，カモノハシやチゴザサなど細くてしなやかな茎をもつイネ科植物から構成される．

生物多様性の観点から重要な場所と，茅場として有用な場所が一致するのは偶然ではなく，緊密な因果関係で結ばれている．まず茅として有用なカモノハシは生物多様性の維持の要となる機能を担っている．カモノハシは成長すると，株元が徐々に盛り上がり，周辺の地面より 10～20 cm 高い場所を形成する（図 2.27 下，口絵参照）．湿地において植物がつくる隆起を「谷地坊主（やちぼうず）」というが，これもカモノハシがつくる小さな谷地坊主である．この谷地坊主の上は，大雨に伴う湖の水位上昇で地表面が冠水しても，めったに水面下に沈まない．そのため，さまざまな植物が発芽し定着するうえで重要な場所になるのである（図

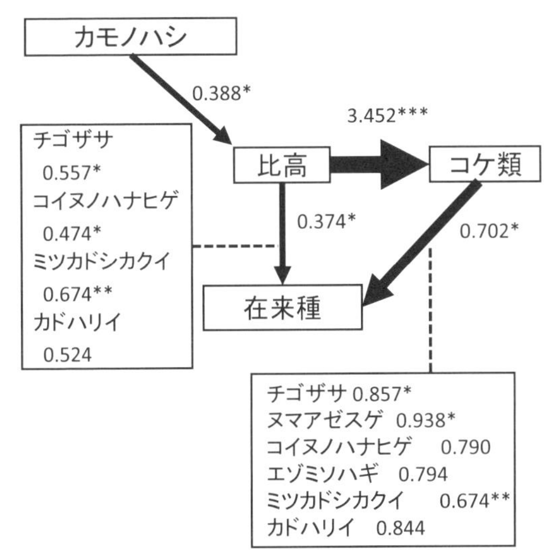

図 2.27 カモノハシによるファシリテーション.
(上) 矢印の太さは影響の強さを反映しており, 数字 (階層ベイズモデルで推定された係数) が大きいほど, 関係が強いことを示す (Wang et al. 2011 より). (左下) カモノハシがつくる「谷地坊主」(口絵参照). (右下) 谷地坊主上のコケと, そこで発芽した植物の実生 (口絵参照).

2.27 上). 谷地坊主の上にコケ類が生えるとなおさらであり, 植物にとって理想的な発芽床となる. 生態学では, ある生物の生育がほかの生物の生育環境を良好にする関係を「ファシリテーション」というが, カモノハシによる作用もその 1 つといえる (図 2.27 上).

さらに, 人間による茅の利用が, カモノハシの成長に対して正の影響を与えることも確認されている. 妙岐の鼻では, かつて広範囲で茅の刈りとりを行うとともに, 刈り残された植物を冬季に焼く野焼き (地域では「やーらもし (谷原燃し)」とよばれる)が行われていた．これを模して，実験的に刈りとり処理，野焼き処理，放任（対照）を比較する実験を行ったところ，カモノハシの成長は，野焼き＞刈りとり＞対照の順で高かった．このように妙岐の鼻では，野焼きや刈りとりを行った人間活動がカモノハシの生育環境を改善し（利用対象に対する直接的な作用），カモノハシがファシリテーターとして機能することによって希少な植物の生育環境を整える（非利用対象に対する間接的な作用）といった関係があったことが示された．

なお，妙岐の鼻では現在，社会情勢の変化による野焼きの停止や，湖の人為的な水位操作のため，カモノハシの成育範囲が顕著に減少し，良好なしまがやの採取場所が失われようとしている．現代社会にあった新たな維持システムを構築するためには，茅の利用者，地域住民，管理者である行政など多様な主体の連携が不可欠だろう．

(7) 草地としての水田畦畔

草原の生物の生育・生息場所は，草地利用のために管理されてきた場所に限らない．意外な印象を受けるかもしれないが，水田の畦畔も，無視できない面積をもつ「草地」である．水田畦畔の面積は広大で，2011年の時点で全国で14万haにおよび，阿蘇の草原の約6倍，神奈川県の面積にも匹敵する（松村ほか 2014）．山地や平地の草地が減少するなか，畦畔の重要性はますます高くなっている．

畦畔は植物の生育環境としては，人が歩くことができる平坦面と，前あぜ，あるいは地方によってはクロともよばれる水田に面している斜面とで，大きく特徴が異なる．水田に接している前あぜは，アゼナやスズメノトウガラシなどの湿生植物の生育場所となる．一方，平坦面は，やや湿潤な草原的環境である．この面にチガヤやコマツナギなど，地下茎を発達させる多年生植物が生育することにより，畦畔の強度が維持しやすくなる．そのため，平坦面の除草回数を制限し，積極的に植物を残すことにより土壌の流亡を防ぐ管理が伝統的に行われてきた（山口ほか 1996）．除草剤で植物を根こそぎ除去してしまうと，畦畔の強度を失うことになる．そのため除草剤の多用は，畦畔のコンクリート化や大規模化と一体で進行してきた．

地域の農業的景観の維持を目標とする「久保川イーハトーブ自然再生事業」が展開されている宮城県一関市には，カキランやサギソウなど絶滅危惧植物が生育する畦畔が複数認められる．現在でも除草剤は使用せずに草刈りによって維持されている．湿潤な条件が維持され，さらに適度な攪乱が加わることで，これら植被のまばらな向陽地を好む湿生植物が生育できているのであろう．

人が水田整備の一環としてつくり出した畦畔という場は，湿性草原として植物に生育環境を提供するだけでなく，人もまたそれらの植物を利用してきた．セリ，ナズナ，ゴギョウ（コオニタビラコ），ハコベ，ホトケノザ，スズナ（カブ），スズシロ（ダイコン）．七草粥に入れて食べる「春の七草」は，いずれも畦畔の植物である．なおカブやダイコンは作物だが，自家採種を行っている地域では畦畔で栽培されることが多い（山口ほか 1995）．さらに，江戸時代に刊行された救荒書，すなわち飢饉のときの食料を解説した書物には，多くの畦畔植物が有用な食料として紹介されている．人は草刈りによって過剰な繁茂を抑制しつつ，その結果として生育するようになった多様な植物を利用してきた．

水田畦畔は植物だけでなく，草原性の蝶にとっても貴重な生息地となっている．オオルリシジミという大型でブルーの美しい蝶がいる．本種はかつて東北から中部地方の山間部の草原と阿蘇山麓に広く分布していたが，いまでは長野県の 3 か所と阿蘇にしかいない．このうち長野県の 2 か所は畦畔である．長野県では，霧ヶ峰や浅間山麓，妙高山麓などの広大な草原にかつて多産したが，戦後間もないころまでは千曲川や犀川，天竜川の河岸段丘にある水田畦畔にもわりあい広く分布していた（図 2.28 左上）．長野県で最後までしぶとく残ったのが，広大な草原ではなく人為の強い畦畔というのは，なんとも示唆に富んでいる．

オオルリシジミより小型のミヤマシジミは，1970 年代まで扇状地や河岸段丘に広がる水田畦畔にごくふつうに生息していた（図 2.28 右上）．だが，いまはほとんどの地域で絶滅し，畦畔の生息地は伊那谷のごく限られた場所になっている．ミヤマシジミの幼虫は，コマツナギという植物のみを食べる（図 2.28 左下）．コマツナギはいまでもとくにめずらしい植物ではないが，畦畔沿いに多くみられる地域はかなり限られている．徹底的な草刈りを何度も行うとシバが優占する単調な畦畔になるが，回数が少なすぎてもイネ科草本など背の高い

図 2.28　かつて水田畦畔に生息していたオオルリシジミ（左上），現在でも限られた地域でみられるミヤマシジミ（右上），食草のコマツナギの葉上にいるミヤマシジミの幼虫（左下），そしてミヤマシジミを多産する土手（右下）．いずれも長野県飯島町．

植物が優占する．コマツナギは土壌が貧栄養で裸地がみえるような場所で群落をつくりやすい．そうした畦畔はいまではめずらしい．

畦畔草地は分布のしかたにも特徴がある．傾斜地の畦畔は平坦地の畦畔に比べると斜距離が長いぶん面積も大きくなるが，それでも高原の草原に比べればはるかに小規模である．そのかわり特定の場所に集中することはなく広域に存在する．畦畔は草刈りなどの攪乱が強く，丸坊主に刈られることもあるが，刈る時期や頻度は畦畔によって異なる．著者（宮下）らの最近の調査によると，ミヤマシジミは何か所もの畦畔を往来しながら個体群を維持しているらしい(出戸秀典ほか，未発表)．小規模な生息地間の移動を通して維持されている地域個体群は「メタ個体群」とよばれている．メタ個体群は生息地のネットワークから構成されているため，すべての生息地がつねに良好な状態に保たれる必要はない．だが，劣化した生息地がある程度以上に増えるとネットワークが崩壊し，全体が一気に絶滅に向かう恐れがある．もちろん畦畔は営農のためのインフラであり，生物の保全を最優先させることはできないが，畦畔の草刈りの時期や回数，方法などの工夫しだいで，ミヤマシジミの生息地ネットワークの保全は可能であり，作物生産との両立が実現できるはずである．

コラム 3　メタ個体群とは何か？

自然界の生物の個体群（集団）は，ただ 1 つの生息地だけで維持されていることはまれで，複数の生息地を生物が移動することで維持されていることが多い．こうした個体群はメタ個体群とよばれている．「メタ」とは，「高次」や「超」を意味する．個々の生息地の集団を局所個体群とした場合，それらの集合体がメタ個体群となるのである．各生息地の環境が生物にとって万全であれば移動はあまり意味をもたない．だが小規模な生息地では，攪乱による環境の一時的な劣化や，まったくの偶然により個体数が減るのが常である．その場合にメタ個体群の概念は重要となる．

いま 4 つの生息地があり，生息地間で生物の移動がない場合を考えよう．小規模な生息地では生物が絶滅することがあるが，いったん絶滅すれば回復することはない（図 a）．だが，生物が生息地間を移動できれば話は変わる．環境条件の変動（たとえば攪乱のタイミングや強さ）は生息地ごとに多少なりとも異なるうえ，偶然による数の減少はタイミングが同調しないほうが自然である．この場合，絶滅した生息地でも外部からの個体の移入により局所個体群が回復できる（図 b）．これは救済効果（rescue effect）とよばれている．救済効果は，絶滅と加入のバランス（動的平衡）を生み出し，メタ個体群レベルでの絶滅を回避する仕組みとなっている．

だが生息地がある程度以上減ると，動的平衡が崩れてメタ個体群は絶滅してしまう（図 c）．絶滅を加入で補いきれなくなるからである．注目すべきは，生息地の減少後にただちにメタ個体群が絶滅するのではなく，しばしば時間の遅れを伴うことである．攪乱や偶発的な個体数の減少が起こるまで，短期的ではあるが個体数が維持されるからである．まさに「生きる屍」であり，専門的には「絶滅の負債」（extinction debt）ともよばれている．

さて，これまでは生息地に生物が存在するか否かでみてきたが，実際は高密度の生息地から低密度の生息地への加入で個体数が補充され，メタ個体群レベルでの個体数が底上げされることが多い．メタ個体群の基準は，局所レベルで絶滅が起こるかどうかではなく，あくまで複数の生息地の集合体によって，個々の生息地の足し算以上の相乗効果が現れるかどうかを基準にすべきである．人の直感は相加効果には慣れているが相乗効果には不慣れである．1＋1＝2は当たり前だが，1＋1＝3とはだれも思わない．残りの1は相乗効果であり，2つの要素が組み合わされたときに発生する創発効果といえる．反直感的だからこそメタ個体群の概念は面白くもあり，生物の保全の現場でも有益な提言につなげることができるのである．

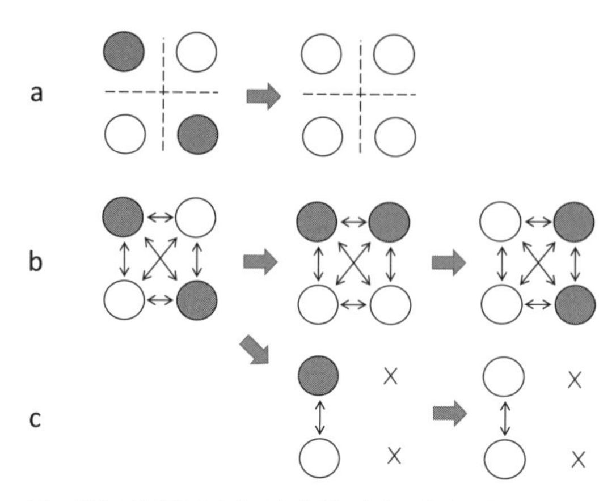

図 複数の生息地からなる個体群の存続と絶滅の模式図．
黒丸が生物がいる生息地で，白丸はいない生息地．
a：各生息地間での生物の移動がなく，孤立状況では絶滅が起こる場合．b：生息地間で生物が適度に移動し，個体群全体が維持される場合．典型的なメタ個体群．c：生息地が半減し，メタ個体群が維持できなくなった場合．

2.4 農地と草地の多面的機能

農地や草地は作物の生産の場としてはもちろん，多種多様な生物の棲み場所としても重要であることはわかった．だが，農地にはほかにもさまざまな機能がある．とくに水田は水を湛える場であるため，それに由来するいくつもの機能が提唱されている．

日本学術会議は，2001年に農業や森林の多面的機能を評価した報告書を出

表 2.3 農業の多面的機能に関する類型化.
日本学術会議(2001)を改変.

1. 持続的食料供給
2. 水循環の制御
   洪水防止, 土砂崩壊防止, 土壌侵食防止, 河川流況の安定, 地下水涵養
3. 環境への負荷の除去・緩和
   水質浄化, 有機性廃棄物分解, 大気調節(大気浄化, 気候緩和など)
4. 二次的自然の形成・維持
   生物多様性の保全, 日本の原風景の保全
5. 地域社会・文化の形成・維持
6. 都市的緊張の緩和
   人間性の回復, 体験学習と教育

している(日本学術会議 2001). それによると, 水田の多面的機能としては, 水循環の制御, 環境負荷の除去や緩和, 二次的自然の形成, 地域社会や文化の維持などを挙げている(表 2.3). 二次的自然の形成については, すでに本書で十分触れてきた内容である. この報告書では, 物理的な機能を中心に大胆な貨幣評価もなされている. それによれば, 農地は作物生産以外に年間約 8 兆円以上の多面的機能を有しているという. 算出根拠などについては問題も多いが, 目にみえない価値を可視化したという試み自体は評価に値するであろう.

(1) 水循環に関する機能

水田の多面的機能のうち, もっとも機能が高いとされたのは水循環の制御である. この機能はさらにいくつかに細分される. 洪水防止, 土砂崩壊防止, 土壌浸食防止, 地下水涵養である. このうち, 洪水防止機能については多方面からの研究が進んでいる. 平たくいうと, 水を湛える水田はダムと同じように洪水防止の役割を果たしているという発想からきている. 全国の水田がもつ雨水の貯留可能量は, 水田面積と畦畔の高さ(27 cm)の積から, 81 億 m^3 という膨大な数字がはじき出された. これは日本のダムの総貯水量をはるかにしのぐ. もしこの水量をダム建設や維持費で賄うとすれば, 3 兆 5000 億円もの費用がかかるので, 水田にはそれだけの洪水防止機能があるという評価である. だがこの評価には少なくとも 2 つの問題がある. まず畦畔の高さまで水が貯留されることは現実的には起こらないこと, もう一点は, 暗黙のうちに水田のかわりに貯水量がゼロの土地利用を想定し, それとダムを比較していることである.

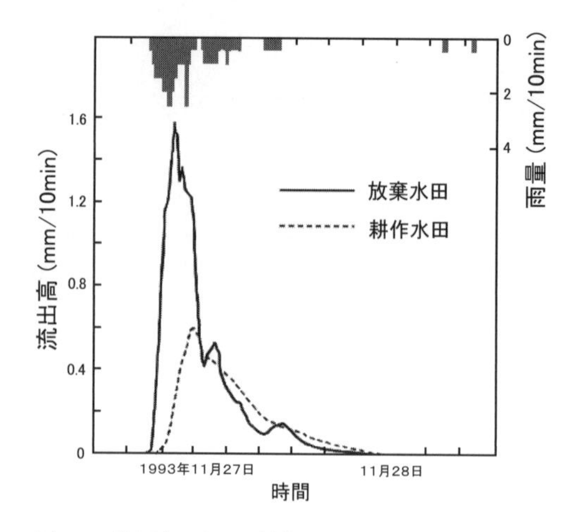

図2.29　降雨時における耕作水田と放棄水田から流れ出す水の量.
上の棒グラフが雨量，下の折れ線グラフは流出高（面積あたりの流出量の指標）.
増本（2010）を改変.

水田以外の土地利用を考えるとすれば，森林や放棄田などを想定するのが現実的である．その場合，土地の貯水量がゼロではないため，評価額は2桁ほど小さくなるらしい（林ほか2011）．とはいえ，実際に放棄地などに比べて水田は洪水緩和の機能が高いのは確かである．北陸の中山間地での事例によると，降雨時に耕作水田から流出する最大水量は，放棄水田での半分以下にすぎなかった（増本2010；図2.29）．中山間地は棚田が発達することが多く，それが豪雨時の土砂崩壊や下流の洪水防止の役割を果たしている可能性を示している．また，こうした傾斜地の水田だけでなく，平地の水田も大雨時の遊水池として洪水緩和に一役買っているらしい．豪雨時に水田の排水を止めることで，雨水の河川への流入を抑制して，堤防の決壊などによる甚大な被害を食い止めたこともある（増本2010）．

地下水涵養については，上水道の水源を地下水に依存している地域では重要である．日本ではダムや湖沼がおもな水源となっているが，20％ほどは地下水に頼っている．地下水涵養機能というと，森林の機能であると考えられがちである．しかし農地や草原も条件によっては森林に勝るとも劣らない水源涵養機

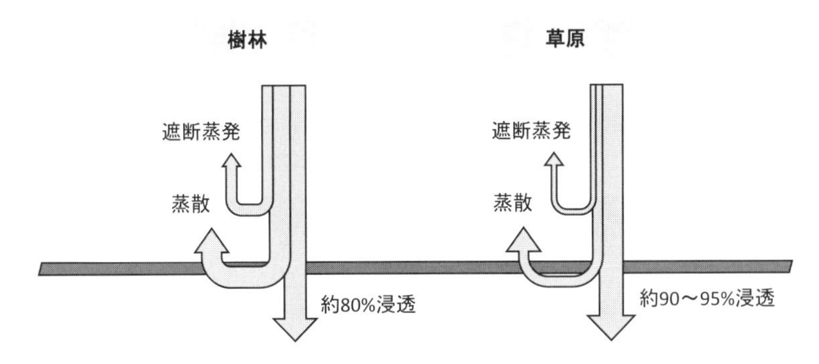

図 2.30　草原の地下水涵養機能.
実際の涵養量（地下への浸透量）は，根の深さや土壌の状態によって大きく変化するが，降水量が多くない（100 mm/h 以下）場合，草原のほうが森林より地下水涵養機能が高くなる（塚本 1992）.

能をもつ.

熊本市は，上水道源のほぼすべてを地下水に依存しており，水が大変おいしい地域として知られている．市内を流れる白川の上流域の水田地帯が地下水の源であるが，宅地化や畑への転換による地下水の減少が懸念されている．白川流域の水田は，川から水田へ引き入れられる水の半分の量を地下水として蓄えているらしい（Tanaka et al. 2010）．今後の地下水量を確保するには，河川の水量が安定する冬期に水田を湛水することが提案されている.

地下水涵養機能は，降水量から遮断蒸発量（植物体などで遮られて土壌に達しない水の量），蒸散量（植物が気孔からの蒸散で失う水の量），表面流出量（土壌に達しても地中に染み込まずに流出する量）を差し引いた量として評価できる．草原は，森林と比べて遮断蒸発量と蒸散量が少ない（図 2.30）．これは水源涵養機能が高いことを意味する．実際の水源涵養能力は，根の深さや土壌の構造などの影響を総合的に受けるため一概にはいえないが，草原生態系が担う重要な調整サービスとして，水源涵養機能を挙げることは間違いではないだろう.

(2)　環境負荷の除去・緩和機能

つぎに環境負荷の除去や緩和について考えよう．これには，水質浄化や気温低下などの効果がある．このうち水質浄化の効果については，かなり状況に依存する．平野部などで水田に入水する水が富栄養の場合には，栄養塩が水田でイネに吸収されたり，微生物による脱窒作用で窒素が気体となって大気中に排出されて水質浄化が起こる．だが，山間部など元来の水質がいい場合では，水田の肥料により富栄養化した水が水田から排水され，水質の浄化どころか悪化してしまう．だから，水田の水質浄化機能はあまり強調しないほうがよいだろう．

一方，気温の低下については，それが及ぶ範囲は限られるものの，一定の効果はあるようだ．夏の晴天時には，水田周辺は住宅地よりも2～3℃気温が低くなり，その冷気は400 mほど離れた周辺の市街地まで及ぶらしい．畑については水田ほどの効果はないが，それでも1.5℃ほどの気温低減の効果があるようだ（井上ほか2009）．この気温差がどの程度の意味があるかを貨幣換算するとつぎのようになる．仮に水田が宅地に転換され，それにより3℃気温が上昇したとする．また冷房に使う電気料金は，1時間1℃気温を下げるのに約5円かかるとする．1日10時間冷房を使用する場合，水田から宅地への転換により，1日150円よけいに冷房代がかかる計算になる（井上ほか2009）．これを個人レベルで高いとみるかどうかは価値判断によるが，日数と戸数で掛け算すればかなりの金額になるのは間違いない．しかし，こうした気温の低減効果は，水田に近い市街地に限られる．気象緩和機能が人間生活に果たす役割は，限定的といわざるを得ない．

(3)　文化的価値

農地の機能で評価が難しいのは文化的価値である．多くの日本人が故郷（ふるさと）と漠然と感じる景観は樹林，水田，草原からなるものであることはまず間違いない．

草原は過去にはつねに人の生活の身近にあり，さまざまな文化を支えてきた．秋の七草はいうに及ばず，万葉集にはオミナエシ，キキョウ，オキナグサ，カワラナデシコなどの植物が数多く詠まれている．また，お盆の時期に草原の草を「盆花」として備える風習は，各地で残っている．阿蘇地方では，ヒゴタイとヤツシロソウは盆花として珍重されているという．

ここで名前を挙げた植物はすべて，国あるいは都道府県のレッドリストに掲載されている種である．飼料や建材としての利用という供給サービスは必要性を認識しやすい．しかし，文化的サービスや調整サービスは，失われないと，その価値が認識しにくい．日本の草原生態系は，供給サービスの必要性の低下から減少が続き，結果として，その他の認識しにくいサービスや生物多様性の喪失を招いている．

朝日新聞が2008年に公募した「日本の里100選」のなかには水田が含まれる景観が多く，棚田や谷戸も対象となっている．こうした場所は観光スポットとしても人気が出ていて，地域振興の目玉になっている場所もある．ただし，そうした場所は全国的にみればごく限られており，農地や草原の文化的サービスが経済的価値として顕在化するのは容易ではないようだ．

(4)　負の影響

農地や草地には多面的機能があるのは確かである．だが，生物の生息地としての機能，洪水緩和の機能，草原の地下水涵養機能を除けば，科学的に十分に評価されているとは言いがたい．その効用を社会に普及させることを意識するあまり，前提条件の吟味や比較対象の想定，不確実性などの点で不十分なものも多く，過大評価といえなくもない．

ところで農地の多面的機能といえば，生態系や人間社会にとってのプラス面を暗黙の前提にしている．だが何事も負の側面があるはずだ．日本学術会議が行った農地の多面的評価では，なぜか負の機能の評価を行っていない．ここでは負の機能をごく簡単に紹介しよう．

畑は土壌が露出していることが多いので，大雨が降れば土壌浸食のリスクが高い．たとえば，沖縄の山間部につくられたパイナップル畑やサトウキビ畑からは，大雨が降ると赤土が流れ出し，下流の海を赤褐色に染める（図2.31，口絵参照）．これが沿岸のサンゴ礁やマングローブ林の汚染や衰退を招いていることが懸念されている．大面積で畑が広がるアメリカでは，農地はそもそも河川や沿岸の富栄養化の元凶となっている．とくにミシシッピ川からメキシコ湾に流れ込む河川水は沿岸の富栄養化をもたらし，広大な貧酸素水域（デッドゾーン）をつくり出している（NOAA 2018）．その点，水田はたとえ傾斜地の棚田であっても土壌流出に対する抑制効果がある．それでも肥料を多く使う水田は，河川の水質を悪化させることがある．

図 2.31　畑から沿岸に流れ込んだ赤土に汚染される沖縄本島北部の海．
左が降雨前，右が降雨後（口絵参照．写真：谷川明男）．

水田のもう1つの負の機能は，温室効果ガスとなるメタンを放出することである．メタンは二酸化炭素の20倍もの温暖化効果があり，水田は自然湿地やウシのゲップと並んでメタンの主要な発生源となっている．世界的にみると，中国とインドが圧倒的に水田からの排出量が多く，日本は2%を占めるにすぎない（Yan et al. 2009）．だが，国内のメタンの発生源のなかでは水田は約40%を占めている．メタンは，水田にすき込む稲わらなどの有機物が，嫌気的な条件でメタン発生菌によって分解される過程で生成される．ということは，好気的な環境での有機物の分解を促せば，メタン生産を抑制できるはずだ．夏期に行われる水田の中干しの期間を約1週間延ばせば，メタンの発生量を30%ほど減らせるという試算もある（Ito et al. 2011）．

このように，農地はプラスの機能だけがあるわけではない．だが，少なくとも水田に関しては，米の生産という本来の機能を除外しても，正の機能が負の機能を大きく上回っているように思う．

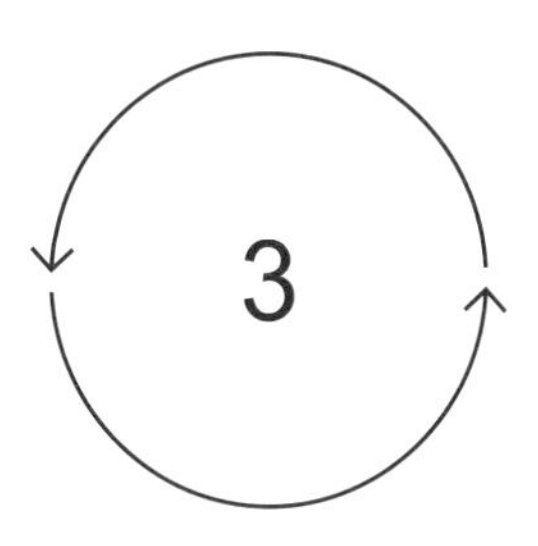

課題解決への取り組み

19 世紀末まで，日本の農地と山野は切っても切れない関係にあった．水田は山野から緑肥を投入することで地力が維持されてきたが，農業の労働力や厩肥の源となる牛馬の餌も，山野の植物に由来する．この強い関係性により山野が荒廃した時期もあったが，社会や文明が崩壊するほどの事態は起きなかった．長期的にみれば生物多様性も含めて，そこそこバランスが維持されてきたといえる．

だが 20 世紀に起きた燃料革命により，山野からの資源供給に頼らず農業や生活が成り立つようになった．その結果，徐々に双方の関係性が失われ，高度経済成長期には，農地と山野はほぼ無関係になった．それは草地を 10 分の 1 にまで減らすとともに，農地は集約化により生態系としての質が大きく変貌した．

一方，21 世紀初頭からは日本は人口減少の時代に突入した．山野の放棄はもちろん，農地の放棄も進み，歴史上ほとんど経験したことのないアンダーユースの問題が顕在化しはじめている．資源としての利用や食料生産のような認識しやすい生態系サービスのニーズの低下が，生物多様性や水循環の制御，文化的景観といった認識しにくい生態系サービスを低下させているのである．こうして変質した生物多様性や生態系の多面的機能をどう回復させるか，それは持続的社会を築くうえで重要な課題となっている．この章ではこうした問題解決のためのアイディアや取り組み，社会制度，そして今後の課題について考えていこう．

3.1　農地の課題と取り組み

農地の集約化は，つまるところ土地生産性と労働生産性の向上を目指している．化学肥料や殺虫剤，作物の品種改良は生産性を高めることに成功した．また機械化のための区画整備や乾田化，水路のコンクリート化，そして除草剤は労働生産性の向上に役立った．だが，いずれも生物の生息地としての農地の劣化をもたらすとともに，深いコンクリート水路は，水路と水田，あるいは水田と森林のあいだの移動を妨げ，生息地の分断化を引き起こすことになった（図3.1）．集約化以前の日本の水田ではどこでもふつうにいたホタルやゲンゴロウ，トンボや両生類は，その数を著しく減らし，絶滅した地域も少なくない．またこれら小動物を食べるサギ類やサシバなどの捕食者も，食物連鎖を通して各地で減っている．生き物あふれる田園は，いつの間にか沈黙の田園に変質してしまったのである．生き物が暮らせない環境でとれた作物は，収量は多いかもしれないが，果たして人間の食料としてふさわしいものなのだろうか．食の安心安全に対する意識の芽生えはこうした背景から高まってきた．また，化学肥料の原料となる化石燃料は，そもそも資源として持続性に欠ける．多少の労力と

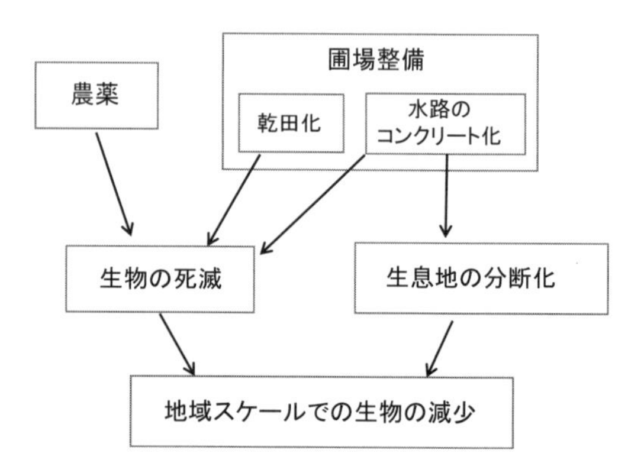

図3.1　高度経済成長期以降の農業の集約化がもたらす生物多様性への影響．

コストをかけても，生態系の循環を生かした，自然にも人間にも優しい農業をしようという機運は，平成時代になると環境保全型農業の発展へとつながったのである．

3.2　生産と保全の両立①：環境保全型農業の展開

農林水産省が定めた環境保全型農業とは，「農業の持つ物質循環機能を生かし，生産性との調和などに留意しつつ，土づくり等を通じて化学肥料，農薬の使用等による環境負荷の軽減に配慮した持続的な農業」である．農地を作物生産の場としてだけでなく，生態系の循環の一部として組み込むことで，環境負荷が少なく持続的な農業を目指そうという理念である．これは，「新しい食料・農業・農村政策の方向」(新政策）として 1992 年に公表された．それを受けて，1999 年に「食料・農業・農村基本法」が公布され，持続性の高い農業生産に取り組む農家を認定するエコファーマーの制度がつくられた．さらに，2011 年には環境保全型農業直接支払制度ができ，化学肥料と農薬を 5 割以上減らしたうえで，地球温暖化防止や生物多様性の保全の効果の高い取り組みに対して補助金を交付するようになった．環境保全型農業が生物多様性の保全に貢献するのはわかりやすいが，地球温暖化防止にどう役立つかは直感的にわかりにくいかもしれない．有機物は土壌中で分解されて無機物となるが，一部は分解されないまま土中に炭素として蓄積される．だから温室効果ガスである二酸化炭素の放出を減らすのに役立つというわけだ．もちろん，化石燃料を使う化学肥料の使用は，はるか昔に土中に閉じ込められた炭素を源にしているので，二酸化炭素の純増につながる．

環境保全型農業は特別栽培と有機栽培の 2 種類に大別される．特別栽培は，堆肥などの土づくりを行ったうえで，農薬と化学肥料ともに 5 割以上減らす取り組みである．有機栽培は，農薬と化学肥料を一切使用しないもので，しかも 2 年以上の取り組みが必要とされる．有機栽培は技術やコスト的なハードルが高いため，全国の農家の 0.5％しか普及していないが，特別栽培については 2017 年時点で 2％が取り組んでいる（農林水産省 2017）．こうした機運が功を奏

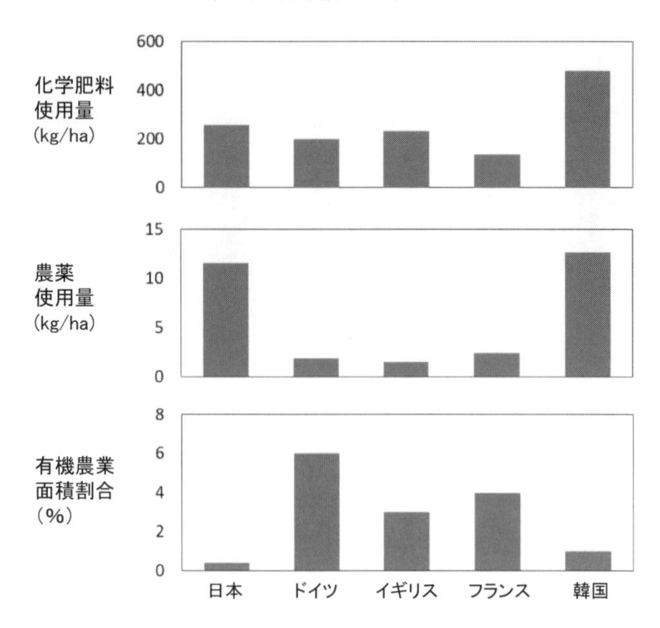

図 3.2　日本と海外における有機農業，および減農薬，減化学農業の取り組み実態.
化学肥料は2009年, その他は2010年のデータ. 農林水産省(2016)をもとに描く.

してか，化学肥料の需要は2008年以降減少の一途を辿っており，2017年時点で最盛期の2割減になっている．もっとも，この減少は環境負荷の軽減だけが理由ではなく，化学肥料の多用によって米の味が落ちることがわかったことも関係している．一方，農薬の使用量も1992年の3割減であるが，それでもヨーロッパ諸国に比べればまだ1桁多い量が使用されている（農林水産省 2016；図3.2）．また，有機農業の面積割合もヨーロッパより1桁以上低く，隣の韓国と比較しても3分の1にすぎない（図3.2）．先進国のみならず，東アジア諸国との比較においても，農業については環境立国としての地位はまだ低いといわざるを得ない．

(1)　環境保全型農業と生物多様性

どのような制度もつくるだけでは意味がなく，それが当初の目的を果たしているかどうかを評価しないといけない．環境保全型農業の主目的の1つは，戦

図 3.3　佐渡市の認証米の袋（左）と認証要件の 1 つである水田脇に設置された江（右）.
写真：佐渡市.

後の集約的農業で失われた生物多様性の回復にあるわけだから，その効果を評価すべきであろう．だが，そうした評価が学術論文として公表された例は驚くほど少ない．まだ環境保全型農業が展開されはじめて時間が十分たっていないこともあるが，海外の当該分野の進み具合からすると日本は立ち遅れているのは間違いない．ただ実際に評価する段になると，意外と難しい面もある．環境保全型農業と一口にいっても，農家によって具体的な取り組みメニューが同じとは限らないし，対照区として適当な条件が揃った慣行水田が近くにあるとは限らない．また実際の取り組みの評価をするのだから，小さな水田実験区を設けるのも適切とはいえない．

新潟県佐渡市の環境保全型農業の評価は比較的よく調べられている事例である．佐渡市には「朱鷺と暮らす郷づくり認証制度」という認証制度がある（図 3.3 左）．これは農薬と化学肥料の使用量を 5 割以下に減らしたうえで，冬期湛水，江（え）の設置，ビオトープの設置，魚道の設置，無農薬・無化学肥料による栽培のどれか 1 つを選択すれば，そこでとれた米は認証されたうえ，補助金ももらえる．江とは水田の端につくられた細い溝のことで，水田面から水がなくなる夏期や冬期に水生生物の逃避場所としての役割が期待されている（図 3.3 右）．またビオトープは一年中水を湛えてイネ栽培を行わない水田のことで，水生や湿地性の生物の保全を目的としている．最近ではこれらの要件に加えて，畦畔での除草剤の使用も禁止されていて，自然と共生した農地の復元が大規模で進んでいる．

著者（宮下）らは，冬期湛水や江の設置が水田で繁殖する両生類の数を増やすかを調べたことがある（宇留間ほか 2012）．最初の予想とは少し違い，結果はやや複雑だった．まず江の設置はヤマアカガエルの数を増やすことがわかった．だが，ヤマアカガエルはどこでも増えるわけではなく，森林が周辺に多い環境でのみ明らかな増加傾向が認められた．これは本種の生活史からすれば妥当な結果である．本種は成体になると森林に移動し，そこで数年経過したのちに繁殖のためふたたび水田を訪れる．だから広大な水田で江をつくっても反応しようがないのだろう．一方，サドガエルは周辺の森林の多さにかかわらず，江の設置がプラスにはたらいていた．本種は生涯にわたって水田や周辺の水路で暮らすため，景観の影響を受けなかったのだろう．冬期湛水についても，ヤマアカガエルでは森林に近い水田で数が増えることがわかったが，サドガエルについては冬期湛水の効果は認められなかった．サドガエルは，水田以外に，水路や江のような一年中安定して水がある場所がないと集団を維持できないからかもしれない．

以上の結果は，生物種の生活史を熟知していないと，環境保全型農業の効果は期待したほど上がらないことを示唆している．具体的な取り組み実践の種類は多岐にわたることが多いので，ターゲットとなる生物種の生態をもとに，より効果的な取り組みを考えるべきであろう．兵庫県豊岡市では，中干しの時期を2週間遅らせることで，トノサマガエルの数を増やすことに成功している（Naito et al. 2014）．中干しで幼生が変態前に死亡することを防げたからである．アキアカネもトノサマガエルと同様な時期に変態するので，やはり中干しの延期は有効だろう．ただ，効果が上がるとされる取り組みであっても，どこでも同じような効果が上がるとは限らない．わが国でも環境保全型農業が生物に与える影響を調べた研究が徐々に出てきているが，効果がある場合とない場合が混在している．こうした「状況依存性」がなぜ起こるかを説明できないと，環境保全型農業が実を結ぶかどうかはやってみないとわからない，ということになり，取り組み自体の衰退にもつながりかねない．

前述のヤマアカガエルのように，周辺の景観構造しだいで取り組みの成果は大きく左右されることがある．里山の水田に生息する生物の多くは，水田だけを棲み家としているわけではない．水田と森林はもとより，水田と草地，水田と水路を季節や発育段階に応じて使い分けている．こうした「生息地補完」の効果を把握できれば，周辺の景観特性をもとに，どのような種類の取り組みがふさわしいかをゾーニングできるはずである．

(2)　象徴種への効用

環境保全型農業では，昆虫や両生類など，どの地域にもいる生物が指標とされることが多いが，よりインパクトのあるトキやコウノトリ（図 3.4 左）が保全の象徴とされることもある．これら「象徴種」は食物連鎖の高次に位置するうえ（図 3.4 右），体も移動能力も大きい．そのため，田んぼレベルでの調査から個体数が増えたことを検証することは難しい．過去には，トキやコウノトリの代謝量から個体を維持するために必要な餌量（エネルギー）を算出し，それに目標とする個体数（たとえば 100 羽）を掛けて，地域の水田で必要な餌生物量の目標値を推定することもあった（たとえば，自然環境研究センター 2003）．これは，一見環境収容力を推定しているようにみえるが，実はあまり意味のない評価である．まず，象徴種が摂食できる餌は，水田に存在する餌生物のうちのごく一部にすぎない．また上記で推定した量は，ある時点（時間断面）での

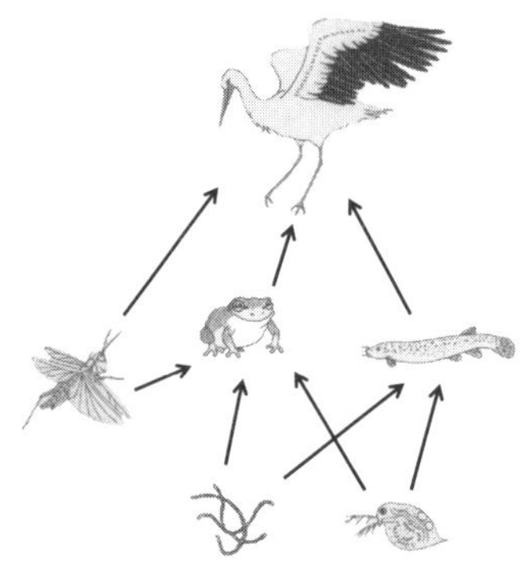

図 3.4　農地に降り立ったコウノトリ（左）と，コウノトリを頂点とする食物網の模式図（右）．
写真：片山直樹．

餌生物量にすぎない．環境収容力を知りたいのであれば，時間的な生物の入れ替わりも含めた「生産量」を指標にしないと，ある場所で生産される餌量を評価したことにはならない．原理的に不適切な指標で導かれた数値目標があてにならないのはいうまでもない．

より現実的な方法は，実際に象徴種の応答をみながら，順応的に保全型農業の効用を評価していくことである．たとえば，環境保全型水田を慣行水田よりも頻繁に訪れているのか，そして時間あたりの採食量（採食速度）が環境保全型水田で多いかを調べることである．むろん，これは個体数の増加を直接評価できるわけではないが，行動レベルの効果の検証としては使える．鳥類に対するこうした検証は，著者の知るかぎりまだ2例しかない．まず北関東の水田で3種のサギ類の行動を調べた研究によれば，ダイサギは慣行水田よりも有機水田に頻繁に訪れ，餌の採食速度も有機水田で高いことがわかった（片山ほか 2015）．だが，チュウサギやアオサギについては明確な違いはみられていない．調査地域で有機水田が占める面積割合が小さすぎて，たまたまサギ類が餌の多い場所を見つけられなかったのかもしれない．2つめは，佐渡島におけるトキの例である（早川ほか 2016）．この研究では，新潟県のエコファーマー認定の要件である秋に稲わらを水田に鋤き込む「秋耕作」がトキの採食に与える影響を調べている．秋耕作した場所では水田の生物量が半分以下になったが，トキの採食速度は逆に倍以上に上昇した．これは耕起により土中の昆虫やミミズ，クモなどが地上部に露出し，トキが見つけやすくなったためと思われる．短期的にはトキにとって都合がよいが，秋耕作は水田の生物量をもともと減らしているのだから，持続的にトキの餌環境を維持するうえで本当によいのか，疑問が残る．耕起する水田としない水田をローテーションするなどの工夫が必要かもしれない．

行動圏が広い象徴種の場合には，最終的にはやはり行動レベルではなく，個体数レベルでの応答をみるべきだろう．そのためには広域でのモニタリングが必要である．環境保全型農業の広がりの程度が異なるエリアを複数選び，それぞれで個体数や繁殖率などが向上したかを調べるのがよい．日本では近年，公的資金を中心に象徴種に対する膨大な資金が投入されているが，そうした戦略的なデザインに基づいた学術的成果が出されていないのは大きな課題といえる．

コラム4　生物の再導入

自然界から絶滅した生物をもとの生息地に導入することを再導入（reintroduction）という．ほかの場所から生物を移動させるので，人為的な移住（translocation）の一種である．日本では佐渡島のトキや豊岡のコウノトリのほか，昆虫や淡水魚でも小規模な事例がある．だが生物の導入は外来種と同じ問題を引き起こす可能性があるので，きわめて慎重な対応が必要である．国際自然保護連合（IUCN）は，再導入を行うためのガイドラインをまとめている（IUCN 2013）．まず重要なのは，再導入以外に保全のための方策がないか検討することである（図）．生物が自力で移住できればそれに越したことはないが，移動能力が低い生物や生息地が分断されている場合には移動は見込めず，再導入が残された道になるだろう．たとえば，高山に棲む生物は平地を横断して別の高山へ移動することは不可能に近いし，淡水魚も尾根を越えて別の水系に移動はできない．つぎの段階では，再導入によりどんなリスクが想定されるのか，また導入後に集団が存続できる見込みがあるかの検討が必須である（図）．餌や巣場所などの自然条件はもちろん，地域社会が再導入を受容できるかという社会条件の考慮も重要である．農作物被害を引き起こしたり，最悪の場合は人的被害をもたらす可能性がある生物であれば受容されるはずがない．そうした慎重な吟味をパスしたあとで，再導入が実施可能となる．だが具体的にいつ，どこに，何個体を導入するか，そのための環境づくりをどうするかといったプランニングが必要となる．また再導入後も，野外で個体数を自律的に維持することができるか，生態系や人間社会への悪影響をもたらしていないかなどの追跡調査を行うべきである（図）．個体数が維持できていない場合はその理由を評価し，計画の修正も視野に入れなければならない（図）．こうした一連の手順はかなり面倒な工程に思えるかもしれないが，企業経営のイロハであるPDCAサイクルと本質的に同じである（P：plan 計画，D：do 実行，C：check 評価，A：act 改善）．

海外では最近，移住支援（assisted colonization）というさらに積極的な導入も検討されている．これは過去の生息地（歴史的な分布域）の範囲を超えた「生息適地」へ生物を導入するもので，再導入よりも一歩踏み込んだ概念である．地球温暖化が進行している昨今，とくに高山帯の生物など，ほかに行き場のない種や個体群を保全するには，移住支援は1つの選択肢である．実際，IUCNでもほかに手段のない場合の措置として含められている．海外では2000年以降，移住支援の賛否や実効性についての議論が盛んになっている．日本でその必要性を唱える人は少ないが，環境省が最近策定した「生物多様性分野における気候変動への適応についての基本的考え方」のなかで「保全的導入」として検討の余地が記されている（環境省 2015）．私たちは，移住支援をせずに静かに絶滅を見守るか，それとも厳格なリスク評価をパスすれば移住支援に踏み切るかという二者択一に迫られている（コニフ 2017）．著者（宮下）は以前，蝶の研究で著名なイギリスの研究者から，再導入の定義にある「歴史的な分布域」の線引きは実は難しく，氷河期からの気候変化を考えれば，再導入と移住支援の境界は連続的になるはずだという意見を聞いたことがある．たしかにそのとおりである．人為が引き起こした地球温暖化による絶滅を静かに見守ることが，果たして悔いのない選択なのかどうか，真剣に議論する価値がある．

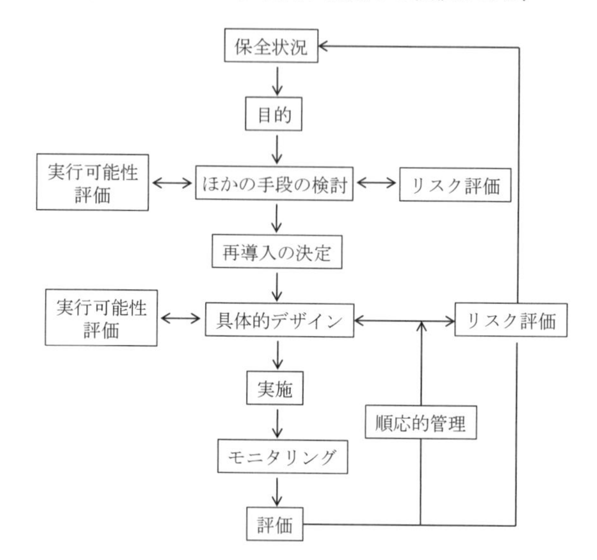

図　国際自然保護連合が定めた生物の再導入をめぐるサイクル．IUCN（2013）を改変．

(3)　害虫は増えるか？

有機や減農薬栽培などの環境保全型農業を行う農家は，高度経済成長期のころから細々と存在したようだ．そうした取り組みが害虫や天敵に与える影響を調べた研究も，1980年あたりから散見される．著者（宮下）はインターネットから入手できる論文を集め，環境保全型農業が害虫や天敵にどんな影響を与えているかの傾向を調べてみた．害虫が増えて作物被害が出るようであれば，取り組み自体に持続性が期待できないことになる．

表 3.1　環境保全型農業の実施が害虫，クモ類，イネの性質に与える影響．

論文	農法	ウンカ・ヨコバイ	カメムシ	クモ	米の収量	葉の窒素量
		慣行 保全	慣行 保全	慣行 保全	慣行 保全	慣行 保全
杉本ほか（1984）	自然	↘		↗		
Andow et al.（1989）	自然	↘		↗	→	↘
松野ほか（2010）	自然	↘	→	→		
梶村ほか（1993）	有機	↘		↘		
足達ほか（2010）	有機	→		↗		
大森（2015）	有機	↗	↗	→	↘	↗
Tsutsui et al.（2018）	有機	→		↗		
齊藤ほか（2001）	減農薬	↗		↗	↘	
北澤ほか（2011）	減農薬	→		↗		
Baba et al.（2018）	減農薬	↘		↗		

↗：増加，→：変化なし，↘：減少

その結果，網羅的に調べたわけではないが，日本国内で 10 例の論文が見つかった（表 3.1）．むろん，慣行と保全型の双方を調べた論文に限って選抜した．驚いたことに，ウンカやヨコバイ類が環境保全型の農業で明らかに増えた例は 2 つしかなく，逆に慣行よりも減ったものが 5 例あることがわかった（表 3.1）．残りの 3 例ではとくに変化が認められなかった．一方，天敵の代表格であるクモ類については，環境保全型で 7 例が増加，減少したのは 1 例のみで，残りは増減なしだった（表 3.1）．まとめると，環境保全型農業は，天敵には優しいが，害虫自身にはあまり影響がないか，むしろ減らすという予想外の結果になったのである．トンボなどの水生昆虫，カエル，クモ類が増えることはすでに多くの事例で知られている．だからイネの害虫はあまり増えないのであれば，生産と保全のトレードオフは考えなくてよいことになり，こんなありがたい話はない．だが，この直観に反する結果はなぜ生じたのだろうか？

まずすぐに思い浮かぶのは，環境保全型農業で増えたクモなどの天敵が，害虫の密度を抑制した可能性である．たしかに事例数だけからはそうみえるかもしれないが，個々の例を丹念にみるとそれだけでは説明できない．環境保全型でクモが増えなくても，害虫が減っている例が 2 例あるからだ．さらに，害虫の減りかたに比べてクモの増えかたがわずかで，とてもクモが抑制したとは思えない例も 1 つあった（Andow et al. 1989）．

天敵以外で害虫の数を抑制する可能性として挙げられるのは，窒素などの栄養分の低下である．ここで注目すべきは，有機肥料を多用しない「自然農法」

では3例すべてで害虫が減っていることである．自然農法は有機農法の一形態であるが，鶏や牛，豚の糞など養分に富む有機肥料は使用せず，稲わらなどの植物の堆肥のみ，もしくは施肥をまったくしない．つまり，自然農法は低肥料の農業である．日本では，刈敷による施肥が歴史的に主流だったので，そのころの農業と類似しているという点で自然といえるかもしれない．自然農法ではイネの葉の色が薄く，植物体の窒素量も少ない．また，ウンカやヨコバイは色の濃い葉のイネに集まる習性があることも実験的に確かめられている．害虫は植物の葉の色で栄養のよさを見きわめているようだ．江戸時代後半の魚肥の使用や，戦後の化学肥料の多用でウンカ・ヨコバイ類が大発生したことは第1，2章で述べたが，有機肥料であっても多施肥は害虫の被害を誘導するというのだろう．事例は少ないものの，自然農法において害虫が減っていたことを考えると，イネの葉の質の低下が害虫を減らしたと考えてよさそうだ．

自然農法に対する害虫の応答は，生物の適応の歴史，つまり進化も関係しているかもしれない．戦後の集約化による化学肥料の多用は，イネの植物体の窒素量を高めたはずである．それは，高栄養のイネに適応した害虫を意図せず「選抜」してきた可能性がある．だとすれば，自然農法で突然現れた低栄養のイネは，害虫にとってはきわめて不都合で，「選抜」がなかった場合以上に大きなダメージを受けたかもしれない．生態学では，ある生物が捕食者や天敵で増殖を抑えられる現象をトップダウン制御といい，餌の不足で抑制される場合をボトムアップ制御という．環境保全型農業で害虫があまり増えないのは，天敵の増加によるトップダウン制御よりも，作物の質の低下がもたらすボトムアップ制御のほうが強いのかもしれない．

自然農法における害虫のボトムアップ制御については別の解釈もある．昆虫に対する「選抜」の結果ではなく，植物に対する「選抜」の結果という説である．低肥料で無農薬の栽培体系は，化学肥料が出現するまでの数千年間にわたってイネが経験してきた環境であり，イネはその環境下で害虫や病原菌に対する耐性を発達させてきたかもしれない（Andow et al. 1989）．慣行栽培による高栄養条件は，イネの害虫や病原体に対する抵抗性を「選抜」がない場合以上に減少させ，結果として被害を助長したといえる．いまのところ，昆虫の高栄養に対する適応の証拠も，イネの低栄養に対する適応の証拠もあるわけではない．

だが，こうした作物と害虫の進化的関係を考えることは，研究自体の面白さだけでなく，環境保全型農業の持続性を考えるうえで視野に入れるべき課題であろう．

(4)　景観構造と害虫や天敵の応答

保全対象種と同様に，害虫とその天敵についてもどこで環境保全型農業を実施するかによって結果が違ってくる場合がある．海外ではかなりの研究事例があるが，日本では残念ながらごくわずかの報告しかない．

イネの葉から養分を吸収するイネクロカメムシは農薬が普及する前は主要な害虫だったが，その後ほとんど発生はみられなかった．しかし，最近の減農薬ブームで被害が散見されるようになっている．無農薬栽培では，林縁に近い水田で数が増え，慣行区に比べて米の収量が減った例がある（大森ほか 2015）．本種は雑木林や草むらの地表部で成虫越冬し，初夏に水田へ侵入する．そのため，谷あいの小規模な水田で本種の被害が拡大したらしい．一方で別の研究によれば，ヒメトビウンカは森林に近い特別栽培型水田で数があまり増えないことが知られている（Baba et al. 2018）．その理由は定かでないが，林縁付近の水田で天敵が多いこと，イネクロカメムシと違い林縁が越冬場所として機能していないこと，森林が移入の妨げになっていることが考えられる．環境保全型農業によりどこで害虫が増えやすいか，という問いに対しては，どうやら一般的な答えはなさそうである．その地域で優占する害虫の生活史によって答えは変わってくるのであろう．

害虫の天敵であるクモ類については，概して環境保全型農業で増えるが，周辺の景観構造で応答が大きく異なる．アシナガグモ類は水田で優占する捕食者である．著者（宮下）らが調べた栃木県の例によると，森林から遠く離れた場所では，特別栽培と慣行栽培でアシナガグモ類の密度に差はみられなかったが，森林に近い場所では特別栽培で密度が数倍高まることがわかった（図 3.5；Tsutsui et al. 2016）．同じ傾向がアシナガグモ類の主要な餌であるユスリカ成虫でもみられたことから，餌昆虫を介して景観構造の影響が現れたと考えられる．だが，こうして増えた天敵が果たして害虫の抑制につながっているかどうかについては，よくわかっていない．

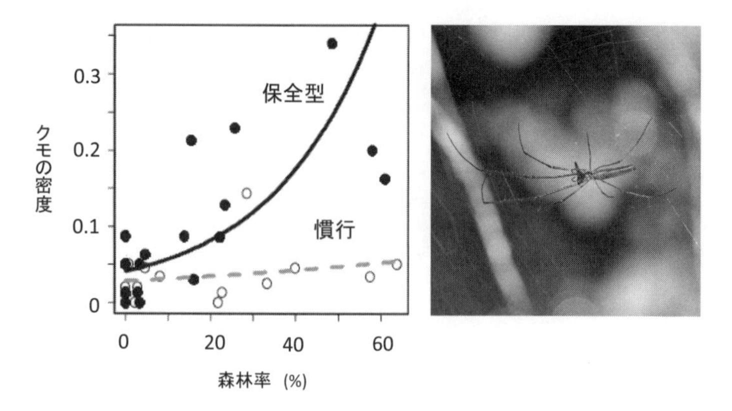

図 3.5　ヤサガタアシナガグモの個体数と農法および周辺の森林面積との関係(左)，および網上のヤサガタアシナガグモ（右）．
図：Tsutsui et al.（2016）を改変，写真：筒井優．

(5) IPM から IBM へ

環境保全型農業が大きな展開をみせたのは，21 世紀に入ってからであるが，農作物の害虫防除については，それより 30 年近く前から自然の力を活用した防除体系が提唱されてきた．それは総合防除（IPM：integrated pest management）とよばれ，農薬で害虫を徹底的に撲滅する，あるいは水田を消毒するという発想からの転換といえる．ここでは，環境保全型農業の原型ともいうべき IPM，そしてその発展版である IBM（integrated biodiversity management）について簡単に説明したい．

すでに述べたとおり，戦後に作物増産を目的として環境負荷の大きい農薬の大量使用がはじまった．それはサンカメイガなど特定の害虫の防除には成功したが，クモなどの天敵も死滅させたため，ウンカ・ヨコバイなどの害虫をかえって増加させることになった．たとえば水田で優占するキクヅキコモリグモ（図 3.6 右）は，ツマグロヨコバイ（図 3.6 左）の有力な天敵であるが，戦後に広範に使用された BHC に対する感受性が高く，ツマグロヨコバイより 1 桁低い濃度で死亡する．そのため，1950～60 年代にはヨコバイ類の誘導発生（リサージェンス）が起きた．誘導発生とは，農薬で天敵が減り，それが天敵に抑えられていた害虫の発生を引き起こす現象である．時を置いて東南アジアでは，1970 年代に殺虫剤の広域散布によりトビイロウンカの密度が数百倍にも跳ね上がった

図 3.6　農薬への感受性が異なるツマグロヨコバイ（害虫，左）とキクヅキコモリグモ（天敵，右）.
写真：（左）馬場友希，（右）谷川明男.

(桐谷 2004)．こうした反省から生まれたのは総合防除である．総合防除とはその名のとおり，農薬一辺倒の害虫管理ではなく，病虫害に対する抵抗性品種の作出，性フェロモンを用いた個体数の低減，土着天敵を増やす農地管理など，複合的な手段で害虫密度を経済的に許容できる水準以下に抑えるという考えである．

IPM は害虫の低密度管理を目的にしているが，それをさらに発展させ，害虫も含めたさまざまな生物の個体数を絶滅の閾値以上に保ちながら管理するという発想が IBM である (図 3.7)．当然のことながら IBM では害虫の根絶ではなく，害虫を「ただの虫」にすることを目指している．ただの虫とは，害虫でも益虫でもない虫のことで，農業生態系の大多数の昆虫はそれにあたる．タガメやナミゲンゴロウなど絶滅危惧種も含まれるが，ユスリカなどの普通種のほうが圧倒的に多い．むろん，ただの虫は絶滅しない閾値以上に数を維持して保全する必要がある．その意味で，IBM は，IPM に保全生態学の思想をドッキングさせたものといえる．

IBM では，IPM 以上に生物間の相互作用や農地以外の環境（たとえば周囲の景観構造）を意識している．生物間の関係性でいうと，やはりただの虫の役割が中心になる．直接作物の害にも益にもならない虫は，個体数やバイオマスからすれば相当な量になる．水田から発生するユスリカはその例であろう．ユ

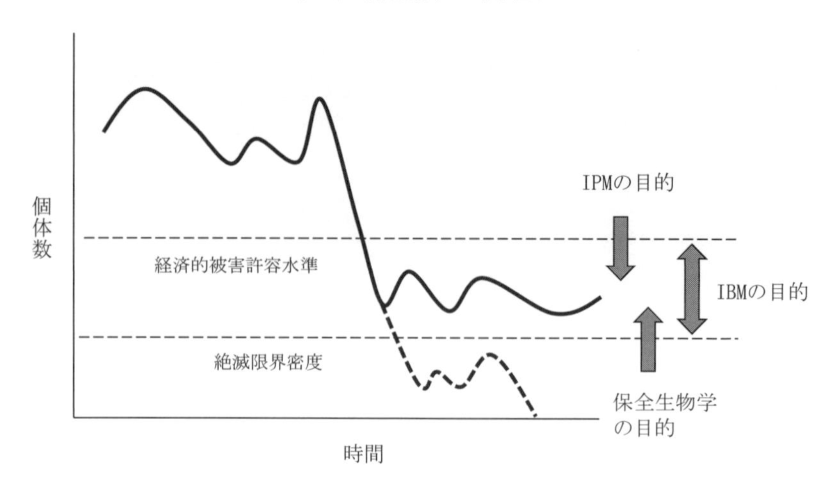

図 3.7　IPM と IBM の概念図.
桐谷（2009）を改変.

スリカは害虫が増える前の春から初夏の水田で数が増え，水路や畦畔から侵入してきたクモ類など天敵の重要な餌となっている．水田に天敵が居座っていれば，のちに侵入してきた害虫の増加を抑制することもできる．もしユスリカなどのただの虫がいなければ，害虫は天敵の抑制を受けることなく増えてしまうだろう．つまり，ただの虫は，天敵を介在して間接的に害虫の増加を抑制しているのである．ヨーロッパの小麦畑では，トビムシが害虫を間接的に抑制するただの虫の役割を演じている（Harwood et al. 2004）．小麦畑で害虫のアブラムシが増える前に，トビムシがクモ類の餌になって数を支えているからだ．ただし，ただの虫がどの程度害虫の発生量を抑えているかの定量的なデータはほとんど示されていない．

IBM では，景観構造の考慮も重要であるが，これについては害虫や天敵の項ですでに述べてきたとおりである．害虫や天敵が周辺の景観構造によって増減するという発想も，保全生態学との接点ができるまではほとんど関心が払われてこなかった．

IPM は農業政策のなかでも重要視されている．農林水産省は，人の健康と環境負荷に対するリスク低減を目的に，2005 年に IPM 実施指針を策定した（農林水産省 2005）．これは消費者に支持される食料供給を実現するためのものであり，消費安全対策交付金により都道府県や農業者に資金援助する仕組みをつくっている．また環境保全型農業直接支払制度と連携して，地域特任取組のなかでIPMの項目が入れられている．具体的には，殺虫剤の使用に代わるフェロモントラップの設置や天敵の導入などが挙げられる．また，最近では果樹園で下草を維持しながら天敵を増やしてハダニの防除をはかる取り組みも行われている．一方で，取り組みを広めるには，通常の環境保全型農業と同様に生産者にとってもメリットがある仕組みをつくる必要がある．IPMの優良事例の表彰制度や産品のパッケージへの記載によるブランド化も奨励している．ただし，まだ取り組み自体の意義が十分浸透しているとはいえず，生産者と消費者の双方への理解の促進が課題となっている．これは私見であるが，IPMからIBMへの移行が進めば，環境保全型農業の枠組みの中に十分組み入れられるものであり，制度を簡素化することで，生産者や消費者そして行政にとってもわかりやすい仕組みに統合することが望まれる．

(6)　環境保全型農業の時間と空間

これまで，環境保全型農業が希少種や害虫などの生物にどのような効果をもたらすか概観してきた．種によって応答が違うことや，応答自身も周辺景観によって異なる場合があることを述べてきた．だが，それ以外に評価すべき2つの重要な視点があることを強調しておきたい．それは環境保全型農業を開始してからの時間スケール（年数）と，環境保全型圃場の広がりという空間スケールの問題である．

環境保全型農業の時間スケールの効果についての研究は，日本ではほとんどないので，まず海外の事例を紹介しよう．海外では有機農業に焦点を当てた研究が大部分であり，保全対象種では草本類と蝶類，作物生産に関しては雑草と土壌の栄養塩や微生物，作物の生産性についてのものがある．多くの場合，経過年数ともに種数や個体数，生産量が徐々に増加し，やがて一定になるが，なかには途中でふたたび減少するという山形の応答を示す場合もある．また安定状態になるまでには，4，5年から10年以上を要する．なぜこうした時間の遅れが生じるかについては，少なくとも4つの説明がある．堆肥などの有機物が無機化されるまでの時間の遅れ，殺虫剤や化学肥料の残留効果による遅れ，生物が移入するまでの時間の遅れ，そして害虫と天敵の相互作用がもたらす時間の遅れである（Jonason et al. 2011）．最初の2つは土壌環境の時間の遅れであり，あとの2つは生物側の遅れに起因する．土壌生態系は分解プロセスを経るため，一般に環境応答が遅いことが知られており理解しやすい．生物側の遅れについては，少し詳しい説明が必要だろう．まず移入の遅れは，移動性が低い生物で，供給源（生態学ではソースという）から離れている場合に生じやすい．一方で害虫と天敵の相互作用がもたらす遅れは，生物の世代時間に起因するもので，移入しやすさとは関係なく生じる．たとえば，餌生物の増加にともない天敵の繁殖率が向上して数が増えるまでには，少なくとも1世代を経ねばならない．だからこの遅れは，時間の長短はあるものの必然的に生じるはずである．いまのところ，これらの要因が実際の応答の遅れに対して，どの程度効いているかを評価した研究例はないようである．

日本では，農法の転換後の時間変化を調べたものはほとんどないが，著者（宮下）らによる最近の報告例を紹介しよう（Tsutsui et al. 2018）．栃木県のある農家では，有機水田を徐々に拡大してきたため，開始からの年数が異なる水田（3〜18年）が近隣に多数あった．この年数の違いに着目し，害虫や天敵などの個体数の時間応答を調べた（図3.8）．まず開始3〜4年では，どの分類群でも有機と慣行農法で違いはほとんどみられなかったが，それ以降には違いが顕在化した．鱗翅目やアシナガグモ類では有機水田で数が増加，逆にウンカやヨコバイ類では減少する傾向があった（図3.8）．また増加や減少は，年とともに傾向が弱まる飽和型のパターンを示し，10年以上では個体数が安定する傾向がみられた．つまり，農法の転換後に害虫も天敵も安定した個体数レベルに達するには，10年程度かかることを意味している．こうした時間の遅れが生じるメカニズムはよくわかっていないが，前述の海外での事例と同様に，有機水田に生物が移入するまでの時間の遅れや，土壌有機物が無機化する過程で生じる時間の遅れなどが考えられる．実際，同じ農家の圃場で2年と11年を経た水田で土壌中の可給態窒素量をはかった研究によれば，11年後に明らかにその量が増えていた．鱗翅目などの植食者の時間遅れは，これに対応したものかもしれない．

これらの結果から，有機農法を含めた環境保全型農法に転換しても，生物に

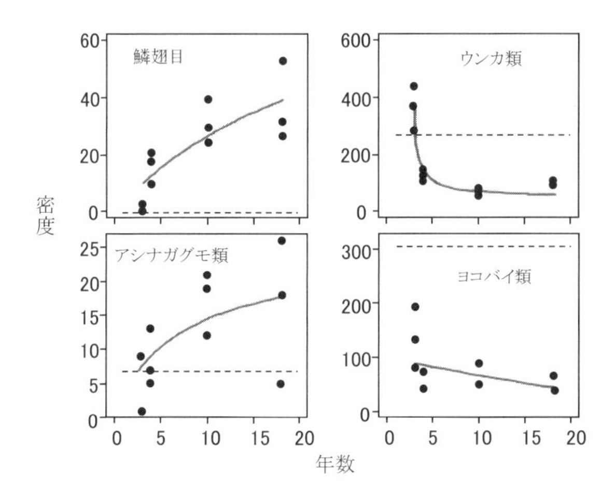

図 3.8　有機農法を実施してからの経過年数と，害虫とクモ類および鱗翅目の密度の関係．
図中の点は各調査水田，実線は回帰曲線，点線は慣行水田における平均密度．Tsutsui et al.（2018）を改変．

対する効果は少なくとも数年間は過渡的であり，安定した状況になるのには10年近くを要する．だから農法の効果を正しく評価するには，経過年数が数年以上を超えている農地を対象とすることが望ましい．ヨーロッパで取り組まれている環境に配慮した「農業環境スキーム（agro-environmental scheme）」は，日本の環境保全型農業に相当する取り組みである．すでに農地面積の25%がこの取り組みに参画しており（Kleijn et al. 2006），その先進性は日本とは比較にならない．農家は5年間環境保全型農業に取り組む必要が課されている．日本の有機JAS認証でも，実施前に2年間農薬や化学肥料を使っていないことが要件になっているが，環境保全型農業自体にはとくに年数の要件があるわけではない．実際は保全型の取り組みを単年でとりやめる農家は少ないと思われるが，継続年数を要件とすることや，長年の取り組みを奨励するための新たな制度を取り入れるなどの工夫が必要であろう．

時間的な継続性とともに重要な視点は空間的な広がりである．圃場レベルでの取り組みを地域的な広がりにスケールアップさせることが環境保全型農業の目指すところであり，実際，新潟県佐渡市や兵庫県豊岡市など注目度の高い象徴種がいる地域では面的広がりが実現されている．直感的には広域で取り組みが行われれば生物多様性の増進効果はより高まると期待されるが，その効果を実際に評価した事例はごくわずかしかない．ここでは海外で環境保全型農業の面的な広がりの効果を評価した2例を紹介しよう．

イギリスの有機農業は全農地面積の約3%を占め，日本の10倍近い広がりがある．10 km四方で有機農業が多い地域(ホットスポット)と少ない地域(コールドスポット）を多数選び，圃場レベルでの有機農業が，生物多様性に与える効果を比較した研究がある（Gabriel et al. 2010)．それによれば，蝶類やハナバチ類では，有機農業が普及している地域で，圃場レベルでの有機農業の効果が明らかに高まった．つまり，ホットスポットで有機農業をした圃場では，コールドスポットで有機農業をした場合よりも，より生物の個体数が多くなっていたのである．これは有機農業が面的に広がりをもった地域では，生物の個体数が地域レベルで底上げされたことを意味している．ただ，植物では地域レベルでの底上げ効果は明確ではなく，圃場レベルでの農法の効果のほうが強かった．植物では移動性が乏しく，地域レベルでの底上げが機能しないからだろう．

最近，EUの国レベルでの農業環境スキームの広がり（面積率）が農地に棲む鳥類39種に与える影響を調べた研究が報告された（Gamero et al. 2017)．それによると，農業環境スキームが普及している国では，1981～2012年の約30

図3.9 農業環境スキーム（AES）の実施面積と農地棲鳥類の個体数変化率との関係（左），および農地に定住する代表種ヒバリ（右）．
Gamero et al. (2017) を改変．

年間で，定住性の農地棲鳥類の個体数が微増していた（図 3.9 左）．この時期は集約化により，農地景観の鳥類が全般的に減少したことから，農業環境スキームは農地定住性の鳥類の減少を食い止める役割を果たしていたといえる．こうした科学的証拠は，農業環境スキームなどの自然と調和のとれた農業を普及させるうえで，下支えになるはずである．残念ながら日本では，長期データをもとに，広域スケールでの環境保全型農業の取り組みを評価する仕組み自体が存在していない．欧州に比べてまだ取り組みの日が浅いという面もあるが，制度の効果を科学的に検証しようという発想自体が乏しいからだろう．今後関係者が取り組むべき重要課題であることは間違いない．

3.3　生産と保全の両立②：日本型直接支払制度

これまでは環境保全型農業の展開と課題について述べてきた．農地の生物多様性の保全や復元，そして生物多様性がもたらす生態系サービスの持続性を考えるうえで，環境保全型農業がカギとなるのは疑いない．だが，第 2 章で紹介したように，農地には多面的な機能がある．人口減少社会を迎え，今後ますます増えることが予想される耕作放棄の問題にも対処する必要がある．2014 年に発足した日本型直接支払制度は，そうした背景から生まれた．この制度は，環境保全型農業直接支払に加え，多面的機能支払，中山間地域等直接支払の 3 本柱からなっている（図 3.10）．ここでは，後 2 者についての概要を紹介しよう．

多面的機能支払は，地域の農業者などが共同で取り組む活動を支援するものである．農地法面（土手）の草刈り，水路にたまった泥の除去，農道の維持，ビオトープの設置や生き物調査など，まさに農地環境の保全に関する多面的な活動が補助の対象になっている．組織の活動には農家や営農団体だけでなく，自治会やこども会，女性会，PTA など多様な主体が参画して地域の活動を支えている．

中山間地域等直接支払は，急傾斜地が多い地域や高齢化率が高い地域を対象にしたもので，日本の農地の約 4 割が中山間地に該当する．この制度は 5 年間以上の農業活動を継続することを支払いの条件にしている．具体的な活動内容

日本型直接支払制度の概要

1. 多面的機能支払
  1.1 農地維持支払
    多面的機能を支える共同活動を支援
    支援対象：農地法面の草刈り，水路の泥上げ，農道の路面維持等
         農村の構造変化に対応した体制の拡充・強化など
  1.2 資源向上支払
    地域資源（農地，水路，農道等）の質的向上を図る共同活動を支援
    支援対象：水路，農道，ため池の軽微な補修，植栽による景観形成，
         ビオトープづくり，施設の長寿化のための活動など

2. 中山間地域等直接支払
  中山間地等の農業生産条件の不利を補正することにより，将来に向けて
  農業生産活動を維持する活動を支援

3. 環境保全型農業直接支払
  自然環境の保全に資する農業生産活動の実施に伴う追加的コストを支援

図 3.10 日本型直接支払制度の概要（農林水産省 2017）

は多面的機能支払と重複する部分も多いが，耕作放棄地の発生の防止や農地周辺にある林地の管理，女性や若手など新規就農者の確保に向けた取り組みなど，よりアンダーユースの防止に配慮した内容が盛り込まれている．また棚田オーナー制度などの急傾斜地の農用地の保全を加算措置として取り入れている点も特徴である．耕作放棄が進む中山間地は，絶滅危惧種を含む生物多様性の保全上重要な場所が多い．また水田の放棄による生物の減少は，平野部に比べて谷津田や山間部の棚田で顕著であることがわかっている（Koshida et al. 2018）．さらに中山間地の水田は，洪水や土砂流出防止などの公益的な機能の維持のうえでも重要な役割を果たしている．したがって，中山間地域等直接支払制度がうまく機能すれば，アンダーユースがもたらす弊害の軽減につながることが期待される．2014 年までに実施された中山間地域等直接支払（第 3 期対策）については，その実施効果も報告されている．まず集落代表者へのアンケートでは，約 9 割が地域の活性化に効果があったと回答しており，また都道府県からの回答でも耕作放棄の防止や多面的機能の増進に効果があったとするものが多かった．さらに農林水産省の試算では，本制度に取り組んでいない地域との対比から，本制度により 3.7 万 ha の耕作放棄地の発生が未然に防がれたとされている（農林水産省 2016）．この面積は全国の耕作放棄地の 1 割弱にも達する．もと

もと放棄されにくい地域で取り組みが行われた可能性も多分にあると思われるので，この数値をそのまま鵜呑みにすることはできないが，こうした検証可能な評価を行うことは，制度の持続性を担保するうえで重要であろう．

3.4　生産と保全の両立③：エコマークと持続性

日本型直接支払などの補助金制度は，短期的な経済支援としては重要であるが，地域や農家が自律的かつ持続的に環境と共生する農地管理を進めていくうえでは十分とはいえない．多くの生き物が暮らす豊かな環境のもとで生産された農作物は，流通業者や消費者の共感をよぶ産品になるはずで，それをうまく活用すれば地域経済への波及効果も期待できる．生き物マークや生き物ブランドはその典型例である．2010 年に農林水産省は「生き物マークガイドブック」を公表し，ブランド産品の取り組みを推奨している（農林水産省 2010）．2010 年時点でブランド米はすでに 39 例を数えているが，日本の水田面積からすれば 0.1％にすぎない．むろん，面積が増えすぎればそもそもブランドになりえないのだが，現実問題としてはその心配はないだろう．佐渡市の「トキと暮らす郷づくり米」（図 3.3 左参照）や豊岡市の「コウノトリ育むお米」をはじめ，ブランド米の知名度は徐々に上がってきている（図 3.11）．鳥以外では魚や昆虫，

図 3.11　生き物マークの２つの事例．
提供：（左）佐渡市，（右）JA たじま．

哺乳類もリストアップされている．

ブランド米の平均価格は5kgで2885円であり，慣行農法でつくられた米の2164円を大きく上回っている（矢部ほか2015）．無農薬米では3400円ほどでさらに高いプレミアがついている．安全安心というステータスだけでなく，ブランド米は概して味がよいことも高付加価値に影響している．化学肥料を使わない米は，タンパク質含有量が少なく，冷めても弾力のある食感があることが科学的にも実証されている．ただ，減農薬では米の収量が1割ほど減少し，無農薬では2〜3割ほど減るというから，実収入はそれほど大きくはならない．

豊岡での事例によれば，減農薬では収量の減少以上に付加価値がつくため，収入は微増した農家が多いらしい（矢部ほか2015）．また，減農薬であれば農作業の労力もさほど変わらないため，取り組みのハードルは比較的低いはずである．一方で，消費者がコウノトリのブランド米を購入する理由としては，約半数が食の安全に対するもので，残りの2割が食味，そして環境保全に対する意識は4%にすぎなかった（矢部ほか2015）．したがって，日本の消費者はまだ環境に対する高い意識でブランド米を購入しているわけではないことが伺える．また東京と大阪の主婦を対象にしたアンケートによれば，そもそも9割の消費者はエコラベルの存在自体を知らないという（Ujiie 2014）．認証制度は本来，複雑な流通過程で失われる生産者の努力や産品の価値を消費者に伝える役割を担っている．その意味からも，より正確に情報が届く広告などの工夫が求められる．そうした情報が伝われば，多少高い価格であっても，消費者は生産者の努力や産品の価値を理解し，「適正価格」として購入する意欲が高まるはずである（大元2017）．

実際，Aoki et al.（2014）の研究によれば，食の安全や環境問題にそれほど関心が高くない消費者であっても，環境保全型農業の取り組みの詳細についての情報を提供すると，価格の高い「生き物米」に対する購買意欲が上がることが確かめられている．この研究の優れた点は，仮想的な状況で購入意思をはかるのではなく，実際に被験者に一定金額を与え，米を試食させ，取り組みの詳細や生物保全上の効果を提示したうえで，実際にどの米を選ぶかの行動を測定している点にある．これは実験経済学的手法とよばれている．

具体的な情報の中身は，トキと暮らす郷米の認証要件（減農薬，江の設置，

日付＿＿月＿＿日　座席番号＿＿＿＿＿調査回

以下は各お米の栽培に関する情報です．
以下の全ての●のついた項目の中でお米を買う際に一番重要と思う項目1つだけを丸で囲んで下さい．

新潟産米
新潟県のお米の栽培基準である
●農薬使用18回
●化学肥料使用量6kg（窒素成分kg／10a）
に基づいて栽培されたお米

佐渡産米
新潟県の栽培基準に比べて
●農薬・化学肥料を5割削減
を満たして栽培されたお米

佐渡朱鷺認証米
佐渡産米のうち，以下の条件を満たして栽培されたお米
●生きものを育む農法（*詳細は裏面をご確認ください）
●年2回の生きもの調査の実施
●農家のエコファーマーの認定
●新潟県の栽培基準に比べて農薬・化学肥料を5割以上削減

*生きものを育む農法とは米栽培において，
●江の設置
●ビオトープの設置
●魚道等の水路の設置
●ふゆみずたんぼ
に取り組む農法のことです．詳細は裏面をご確認ください．

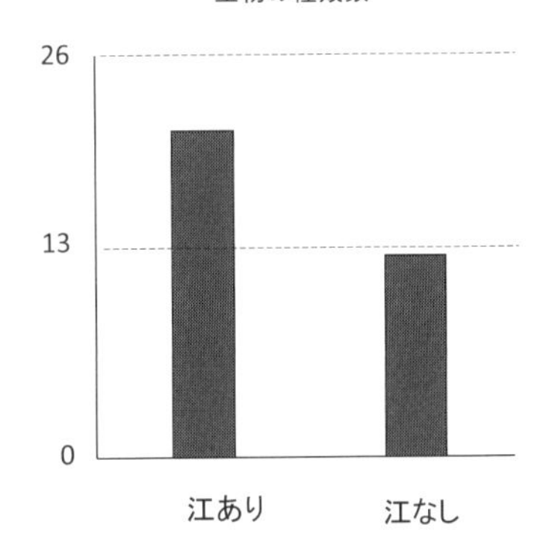

図 3.12　佐渡島の認証米に対する消費者の購買意識を調べるためのアンケート用紙（上）と，それに添付した江の設置による生物の増加に関する情報（下）．
Aoki et al.（2015）を改変．

冬期湛水，魚道の設置のうちどれか）に加え，絶滅危惧種のトキやサドガエルの写真，そして江（図 3.3 右参照）の設置によりトンボなど水生生物の数が 1.5

倍以上増えたという棒グラフなどである（図3.12）．こうした情報の提示前と提示後で，被験者の支払い意思額は明らかに跳ね上がり，価格の高い「トキと暮らす郷づくり米」を購入してもよいという回答が増えたのである．これは，消費者がもともと食の安全や生物の豊かさに無関心であるわけではなく，知識自体が一般に浸透していないことを意味している．言いかえれば，環境保全型農法により実際にどれだけ生物が増えているかを科学的にモニタリングし，その成果を消費者に目にみえる形で伝える努力が肝要である．

またこの実験では，元来環境に対する意識が高い人や年収が多い人ほど，情報を伝えることでプレミア米を購入する意思が高くなることも示された．これは詳細な情報提供に加え，環境保全に対する市民の意識向上を目指した啓蒙活動がいま以上に必要であることを物語っている．最近，地域創生力を高めるうえで，環境教育の重要性が再認識されている（阿部2017）．従来の環境教育は，文字通り環境保全への理解を深めるためのものだったが，最近では「環境教育促進法」のなかで，環境と社会，経済，文化をつなぐ幅広い教育や学習による持続可能な社会づくりを目指した教育としてとらえられている（環境省）．こうした市民レベルでの底上げが全国的に広がれば，ときには多少の対価を払っても生き物ブランドを購入しようと考える人たちが増えるに違いない．

消費者の意識向上に加え，ブランド米により地域経済の好循環を生み出す仕組みづくりも不可欠である．ブランド米から地域の経済への波及効果を引き出すには，米の生産に投入する資材を地域の中で調達し，自給率を高めることが必要である．豊岡市では，地域外から購入する化学肥料を減らし，域内で調達した有機肥料を増やした結果，市内への経済効果が年間4400万円に及んだという（田中ほか2017）．また神奈川のタゲリ米やメダカ米では，地元の市民団体が生産者から米を買い取り，加工して菓子などの商品として売り出すなどの販売戦略で生産者を支えている．生き物マークの持続や発展には，生産者と行政の連携だけでなく，流通加工や消費者，そして教育機関など多様な主体が一体となった取り組みが必要なのである．

3.5 草地の保全

草地は，火入れ，放牧，採草といった人為攪乱が継続されないと維持されない．燃料革命以前の生活や農業では，草原の草の供給サービス，すなわち牛馬の餌，水田の緑肥，燃料，屋根材などを利用するためのストックとして，労力などのコストがかかっても草原が維持されてきた．その結果，草原生態系の調節サービスや文化的サービスが，付随して維持されてきた．

供給サービスの必要性が低下した現在，それに代わる「動機」になるものはあるのだろうか．考えられる筋道の1つは，草原管理の公益性を評価し，草原管理に対して直接，経済的な支援をすることである．たとえば，静岡県などで茶の栽培と一体的に維持されている「茶草場」とよばれる草原がある．茶園の畝のあいだにススキなどを刈り敷く農法は茶草農法とよばれる．茶の味の向上や雑草抑制などの効果があるとされ，伝統的に行われてきた．茶園に対して7割近くの面積を占める茶草場が利用される（図3.13）．静岡の茶草場農法は世界農業遺産（Globally Important Agricultural Heritage Systems：通称GIAHS）に登録されるとともに，環境保全型農業直接支払交付金による支援を受けており，ワレモコウ，ツリガネニンジン，タムラソウといった草地環境の指標植物

図3.13 茶草場（写真：楠本良延）．

が確認されれば交付金が支払われる．手間がかかる農法だが，生物多様性保全などの公益に貢献していることに対する支払いがあり，さらにお茶としてのブランド力や地域の観光的な価値向上にもつながっているという（稲垣ほか 2016）．

無償のボランティアが草地管理を支える可能性も考えられる．日本最大の草地である阿蘇の例をみてみよう．

阿蘇の草地は，約2万3000 ha と日本最大の規模を誇っている．阿蘇の草地が馬の放牧地として活用されていたことは，平安時代に編纂された『延喜式』でも述べられており，そのため「千年の草原」ともよばれている．しかし近年の花粉や微粒炭の研究からは，阿蘇での火入れによる草地管理はより古い歴史をもつことも示唆されている．現在の阿蘇の草地には約600種の植物が成育し，その中にはキスミレ，ヒゴタイ，ヤツシロソウなど，大陸系遺存植物が多く含まれる．

阿蘇の草地は採草，火入れ，放牧によって維持されてきた．火入れでは，火が燃え広がる範囲をコントロールするための輪地切り（防火帯の作成）がきわめて重要で，かつ大変な重労働である．阿蘇において，毎年の火入れの範囲は草原の70％に相当する約1万6300 ha であり，その火入れに必要な輪地切りの総延長は640 km に及ぶ（山内ほか 2002）．輪地切りは残暑も厳しい初秋に行われ，高齢化が進む牧畜農家だけでは人手が圧倒的に不足する．

そこで阿蘇では1997年より，ボランティア参加者を受け入れ，一般市民の参加による輪地切りと火入れを実現している．「素人」の参加には当初は懸念が強かったが，農家の指揮命令に従って勝手な行動をとらないことを徹底し，参加者の体力や経験に応じた適材適所の人員配置をすることで，効果的な火入れが実現している．この活動は，農畜産業の支援を主眼に置きつつ，草地管理への多様な主体のかかわりと草原利用の文化の継承のための活動を展開している財団（阿蘇グリーンストック）のコーディネートにより実現し，参加者は年々増加している（図3.14）．

無償，それどころか旅費などをかけてでも草地管理に参加したいと思わせる動機は何だろうか．野外での共同作業には独特の楽しさがある．また野外で大きな火を扱う作業には大きな高揚感がある．こういった感覚的な魅力だけでも，多くの人を集める力になるものと思われる．また近年の研究では，保全活動へ

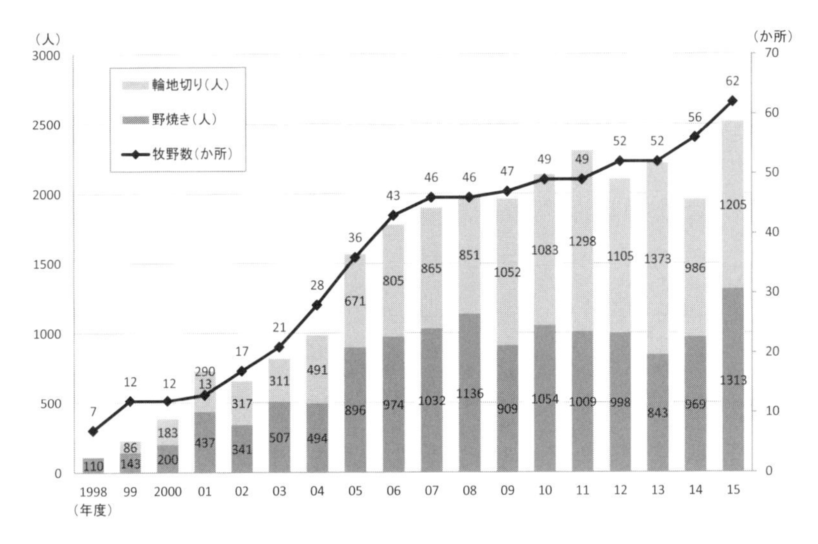

図 3.14　阿蘇の野焼きボランティア参加者の推移（（財）阿蘇グリーンストック資料を改変）.

の参加が人の心身の健康にポジティブな影響を与えることが検証されつつある．保全活動への参加により，自己肯定感が向上する，気分状態が改善される，生活の質（QOL）が改善されるといった結果である（Husk et al. 2016）．緑地や自然地が人の健康にもたらす効果の研究に比べ，「保全活動」による健康影響の研究はまだ例が少ないが，検証する価値の高い魅力的なテーマである．

3.6　耕作放棄地の活用

(1)　耕作放棄地の生物多様性

ここまで，農法や土地利用の工夫により，農業と生物多様性や生態系サービスの維持の両立をはかる事例を紹介してきた．一方，日本の農地，とくに水田に注目すれば，耕作放棄地が年々増加している（図 3.15）．耕作放棄地とは，1年以上作付けがなされず今後数年も作付けする予定のない土地とされる．水田耕作放棄地の増加の原因としては，日本人の食生活の変化や産業形態の変化による農家の高齢化や後継者不足，生産調整政策などの影響が挙げられる．

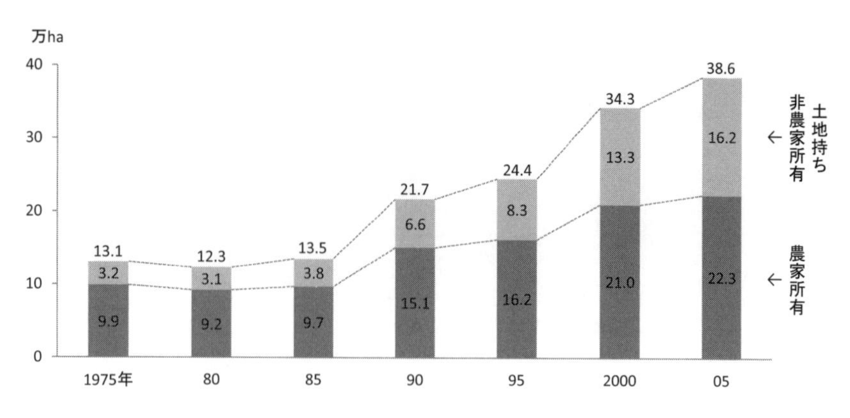

図3.15　耕作放棄地の増加（農林水産省「農林業センサス」を改変）.

耕作放棄地の増加は，食糧生産の観点からは問題である．現在の日本の食料自給率はカロリーベースで4割を下回っており，食料安全保障上の不安が大きい．職業としての農業の魅力を向上させるとともに，農家の子供でなくても農業に従事しやすくする制度を整え，食糧生産の基盤を強化することは重要である．一方，農地がもつ多面的な機能を考えると，耕作放棄地でも食糧生産以外の機能，すなわち生物多様性保全，水循環の制御，浄化などの機能は期待できる．耕作放棄地の解消に向けた検討をする一方で，これら「生産以外の機能」を活かすことは合理的である．

圃場整備による乾田化や農薬の多用は，生物多様性を脅かしてきた．では，耕作が放棄された農地では生物多様性は回復するのだろうか．海外では近年，農地の放棄が生物多様性を減らす危機になるか，反対に自然を復元する好機となるかについての議論が盛んになっている．後者は，再自然化（rewilding）ともよばれ，この分野でのキーワードにもなっている．一般に，ヨーロッパやアジアでは負の影響が生じやすく，南米やオセアニアでは正の効果が生じやすいようだ（Queiroz et al 2014）．なぜヨーロッパやアジアで負になるかは不明であるが，長年にわたって人の営みと共存してきた生物種が，地域レベルで多いことが関係していそうである．

日本の耕作放棄の影響を包括的にまとめた最近の総説によると，両生類や魚類の減少がとくに激しく，植物や昆虫も総じて減少傾向にある（Koshida et al.

2018)．だが一方で，休耕や短期的な耕作放棄はむしろプラスにはたらく場合もある．著者（西廣）らが行った茨城県の北浦流域の休耕田では，植物の種多様性が高く，シャジクモ，サワオグルマなどの絶滅危惧種が生育する放棄水田が複数認められた．だが，それらは放棄されてからの年数が短く，水位が高い場所に多い傾向が認められた（池上ほか 2011）．さらに，耕作していた時代に暗渠パイプやコンクリートU字溝などの排水施設を設置するような圃場整備事業が行われた場所では，地下水位が低く，絶滅危惧種が回復しにくいこともわかった．水田の生物を維持するためには，耕作放棄後も適度な攪乱の継続と水位の管理が重要といえる．

コウノトリの野生復帰とそれを軸にした地域振興を進めている兵庫県豊岡市では，市内の約 20 か所の休耕田や放棄水田に水をはり，「水田ビオトープ」として湿地の生物の生息環境を維持する活動が行われている．この活動は，生物の生息環境の維持を市が農家に委託する事業として行われており，10 a あたり 5 万 4000 円が市から支払われている（岸 2010）．このような管理された休耕田ではメダカやドジョウなどの魚類が増加していることや，周辺の水田で落水した際の水生昆虫の避難場所になっていることが確認されている．湿地の生物多様性を地域社会の重要な基礎として位置づけることができれば，このように，公金を使った休耕田の活用も進めやすくなるだろう．

(2)　放棄水田の生態系サービスの利用

水田が，雨水を一時的に貯留することで河川への流出を遅らせ，水害のリスクを軽減する機能をもつことはすでに述べた．水田の治水機能は，水田に水をためる畦畔などの構造が維持されていれば，稲作を行っていなくても期待できる．

耕作を停止した水田で畦畔の補修を継続するという状況は想像しにくいかもしれない．しかしそれが実現しているケースもある．豊岡市の田結（たい）地区では，地域住民や NPO が中心となり，休耕田の畦畔の整備が継続されている．休耕田の畦畔を維持し続ける意義としては，まちづくりのシンボルであり観光的にも価値があるコウノトリの採餌環境を維持することに加え，河川沿いの水田に水をためることで河川の水位上昇を抑制し，下流にある集落の水害リスクを低

図 3.16 洪水時に遊水地として機能する休耕田（兵庫県豊岡市田結地区）.

減することが挙げられる．実際にどの程度の治水効果があるかについての科学的検証は今後の課題だが，大雨のときに満々に水を湛えた水田をみると，その効果は小さくないもののように思われる（図 3.16）．この休耕田では，ミズオオバコやシャジクモなど，全国的に減少が顕著な「水田雑草」が一面に生育し，生物多様性の保全のうえでも重要な場となっている．

河川の水質への影響については，農地として利用されている水田では，施肥のため負荷源となることのほうが多いが，施肥が行われない休耕田では，水質浄化の機能が期待できる．水田のような湿地がもつ水質浄化機能としては，窒素やリンの除去が重要である．脱窒素の反応は，嫌気的な条件の中にやや好気的な条件ができるとその境界層でもっとも促進されることが知られている．このため，浅い水中に植物がまばらに生えるような状況は，とくに脱窒素反応が進みやすい．リンは水に混じった粘土などの微粒子に吸着していることが多い．水がたまり流速が遅い湿地があれば，そこで沈降しやすくなり，下流の河川への栄養塩負荷を軽減できる．

(3) 休耕田管理のサポート

休耕田を，治水や水質浄化といった生態系調節サービスが提供される場として活かすためには，畦畔の管理などの作業や水の利用が必要となる．米の生産を行わない場でのこれらのコストを土地所有者が負担するのは困難である．しかし方法がないわけではない．1つは草刈りや湿地化の作業をボランティアに

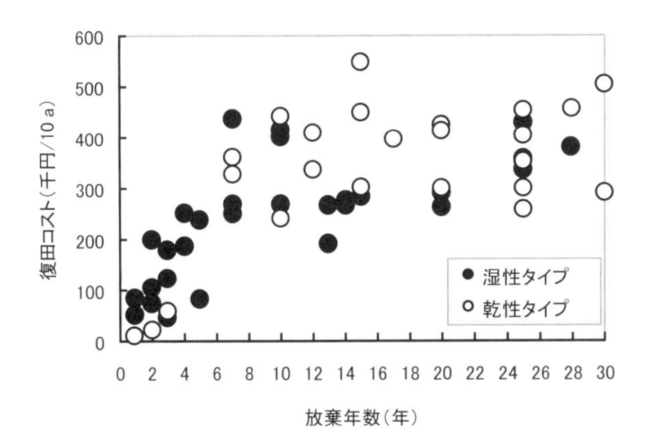

図 3.17 耕作放棄されてからの時間経過と復田にかかるコスト.
有田ほか（2003）を改変.

頼ることである．生物多様性保全のために活動するNGOや学生サークルが，地権者の許可を得て，休耕田の利活用をしている例は少なくない．

休耕田の利活用の負担を補償する別の方法として，公金を直接活用することも考えられる．農地の多面的機能に対する交付金は，通常は耕作中の水田やその施設の「多面的機能」に対して支払われるが，耕作放棄水田を対象に含められないわけではない．稲作は行わなくても，水田を湿地状態に保つことは，ふたたび米の生産が可能な水田に戻すこと（復田）を容易にする．逆に，休耕田を乾燥させ，草刈りなどの管理を行わずに放置し，水田が樹林化すると，復田には多大なコストがかかる（図 3.17）．すなわち放棄水田を湿地として維持することは，食糧生産の場としての価値を維持するうえでも重要なのだ．したがって，食料の安定的な生産・供給を目標とする農業政策の予算を活用することは理に適っている．千葉県の印旛沼流域では実際に，水田の多面的機能に対する交付金を活用し，放棄水田での草刈りや湿地化などの活動が行われている例がある．

3.7 グリーンインフラとしての農地の維持

(1) グリーンインフラとしての農地・草地

グリーンインフラは,「自然が持つ多様な機能を賢く利用することで,持続可能な社会と経済の発展に寄与するインフラストラクチャー」と説明される(グリーンインフラ研究会 2017).「インフラ(ストラクチャー)」というと,道路やダムなどの構造物を想像しがちだが,原義は「基盤となる構造」であり,本来の意味の幅は広い.グリーンインフラも,多様な生態系サービスをもつ樹林や湿地を効果的に配置・保全して活用する計画や,災害リスクを軽減する都市域の配置計画といった土地利用計画論から,水循環を自然に近づけるための雨水浸透施設のような技術まで,幅広くさす言葉である.

ヨーロッパでは,持続可能な発展や気候変動適応のための土地利用計画や,良好な自然をつなげるネットワーク計画をさす用語として使われている.2011年に公表されたEU Biodiversity Strategy to 2020では,生物多様性の保全と生態系サービスのバランスのよい提供を実現するための6つのターゲットの1つとして,グリーンインフラ整備の実践が挙げられている.一方,アメリカでの「グリーンインフラ」は,ヨーロッパと同様の意味でも用いられることがあるが,それ以上に,雨水処理に関する選択肢として用いられることが多い.とくに,従来の雨水貯留タンクや合流式下水道(汚水と雨水の両方を流す大規模な排水路)による雨水処理に変わり,自然地の雨水浸透や貯留機能,蒸発散機能を活用するための,道路脇の雨水浸透植栽や屋上緑化について用いられているようだ.

グリーンインフラは,欧米で発達した概念だが,日本においても,人口減少に伴い従来型のインフラの維持・更新が困難になるという見通し,気候変動に伴う従来の防災インフラだけでは対応しきれない災害のリスクについての認識,従来型の単機能なインフラの弊害の認識などを背景に,グリーンインフラの重要性が議論されるようになった.そして,2015年には,今後の都市計画や公共事業のありかたに大きな影響をもつ「国土形成計画」と「社会資本整備重点計画」において,今後積極的に取り組むべきものとして位置づけられた.

今後，土地利用計画や公共施設の整備において，重視されることになる考えかたである．

これまで述べてきたように，農地や草原は，食料・飼料の生産以外にも多様な機能を有する．賢く配置し管理すれば，多機能な「インフラ」として，地域や国土の価値向上に役立てることができる．しかし，食料・飼料生産としての管理のしやすさと，それ以外の機能性の高さは正の関係をもつとは限らない．むしろ，農業を継続しにくい場所の農地が，生態系サービスの提供の点では重要だったりする．ここではそのコンフリクトの解消につながる取り組みや制度の概略を解説する．

(2) 中山間地の農業

世界各地で都市域への人口集中が進行している．2030 年には世界の都市の面積は 2000 年時点の約 3 倍に広がり，世界人口の約 70%が都市住民となるという予想がある．日本も例外ではなく，全体での人口減少が進行する一方で，東京，大阪，名古屋などの大都市の人口は増加している．当然，中山間地では深刻な過疎化が進行している．平地にはない地形の複雑さをもつため，中山間地の農地は，土壌浸食防止や土砂崩壊防止などの機能をもつインフラとして重要である．

過疎化が進行すると，水道，電気，道路など基本的なインフラの維持が困難になる．さらに，人口密度が低下すると災害時の相互扶助が十分に機能しなくなり，地域全体が脆弱になることも懸念される．「過疎化した中山間地の集落が何らかの災害のたびに消失する」ような事態が今後は頻発するかもしれない．中山間地の放棄が進めば，現時点で農地が担っている生物多様性や生態系サービスは，大きく低下することになる．

3.3 節で述べたように，農林水産省は「中山間地域等直接支払制度」を設けている．これは，生態系サービスの提供の面では重要であるにもかかわらず，大型の機械を用いる現代的な農業を行ううえでは不利さがある中山間地の農業を支えるために設けられた制度である．たとえば新潟県十日町市の標高約 300 m の山間地にある千手地区では，地区の 345 戸の農家の出資により，株式会社形式の農業生産法人が設立されるとともに，この法人が核となり，有機農業の支援などを目的としたNPO法人や，直売施設の管理組合などが加わる広域的な協定が締結され，中山間地域等直接支払制度の交付金を活用した地域活性化の取り組みが進められている．交付金を活用した耕作放棄地の復旧のほか，農地と隣接する樹林の管理や，それと連携した堆肥の製造も進められている．

しかし，このような地域は，全国的にはまれであり，多くの中山間地では過疎化に歯止めがかかっていない．農業支援だけでなく，都市機能の分散や防災のありかたも含めた人口の再配置の議論は，今後ますます重要になるだろう．

(3) 都市農業の価値

地方への人口の分散が重要であるのと同時に，都市域への農地の組み込みも，同様に重要な課題である．農地から供給される多様な生態系サービスの中には，都市域でこそ重要な意味をもつものもある．たとえば災害時の避難場所としての機能，雨水浸透域として都市型水害のリスクを低下させる機能，風景を維持する機能，農業体験の場を提供する機能などが該当する．さらに近年の研究では，都市域の緑地や農地の減少は，近隣住民の精神疾患の発生率や，アトピー性皮膚炎などのアレルギー疾患の発症率の上昇をもたらしうる可能性が示唆

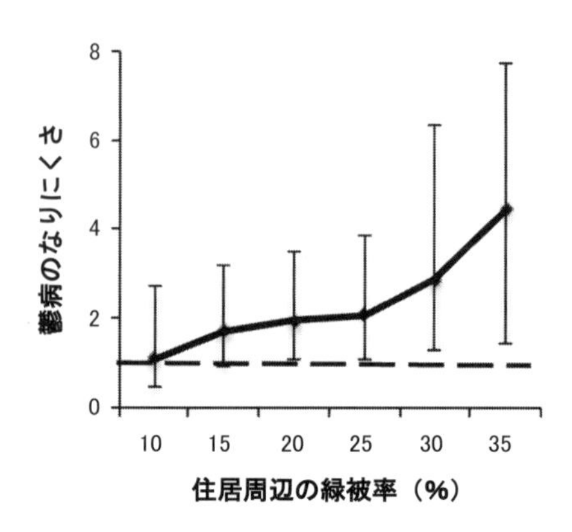

図3.18 イギリスで調査された住宅地の緑被率と鬱病のかかりにくさの関係．
エラーバーは95%信頼区間で，下限が点線より上の場合は有意に鬱病になりにくいことを意味する．Cox et al. (2017) を改図．

されている（図3.18）．海外の研究によれば，幼少期に農地や厩舎由来のバクテリアに曝されることで，体内の免疫システムが安定化し，その後のアレルギー反応を防ぐことにつながることが示されている（Ege et al. 2011）．しかし，宅地としてのニーズの向上や相続の発生などに伴い，都市域の農地は徐々に失われ続けている．自然と隔絶した都市型生活で微生物を含む身近な生物との接触や暴露が減り，その結果自己免疫疾患を患うという一連の流れは，「生物多様性仮説」という名のもとに，いまや科学的検証が盛んに行われている分野となっている（Haahtela et al. 2015）．

都市域の農地がもつ公益的な機能を維持するため，都市域の農地の一部は，都市計画において「生産緑地」として位置づけられ，開発規制や税制での優遇などの措置がとられてきた．2017年の都市緑地法の改正に伴い生産緑地の面積要件を条例で引き下げられるようになるなど，都市域の農地を残しやすくする方向の変化が進んでいる．一方，2022年ごろからは，いままでは「長期営農継続制度」によって維持されていた農地の売買の規制が解除されていくため，将来に不透明な部分もある．

地域計画の中に農地活用を積極的に位置づける取り組みを進めている地域もある．東京都では2008年に「農業・農地を活かしたまちづくりガイドライン」を作成し，農地を地域の資源として活用する計画を立案した自治体を資金面で補助する制度を設けた．この制度を用いて，国立市，練馬区，世田谷区などの自治体では，農地の維持，農業体験などの行事の開催，景観維持の取り組みや散策コースの整備などが進められている（小野ほか 2016）．2015年には都市農業振興基本法が施行され，農地を都市に不可欠なインフラとして位置づけ，積極的に利活用する取り組みをバックアップする制度が徐々に整えられてきている．開発を免れた農地を所有している農家だけでなく，企業の参入や新規就農もはじまりつつあり，「農のある都市づくり」は今後大きく展開する可能性がある．

これらの議論や検討の中で，生物多様性の観点からの研究は十分には行われていない．農地の配置や作物の選定，管理の方法などを検討し，効果的な都市農業のありかたを提案する研究が今後望まれる．

(4) 住宅地の「空き地草原」のインフラ活用

都市域の農地だけでなく，作物を育てていない単なる「空き地」にも，風景の維持，ヒートアイランド現象の緩和，延焼防止や避難場所の確保などの防災，雨水の地下浸透，生物多様性の保全など，多機能なインフラとしての機能が期待できる．とくに，かつて草原として維持されてきた場所の空き地は，全国的に損失が顕著な草原の生物多様性を保全する機能が期待できる．

千葉県北部の台地上は，江戸時代までは将軍家の馬の放牧や猪狩りなどに用いられる幕府直轄の「牧」，すなわち草地が広い範囲を占めていた．明治維新以降は，旧幕臣などの窮民のための農地の開墾などが行われたが，元来のやせた土壌のため，あまり生産性の高い農地にはならなかった．この地域にニュータウン開発の計画がもちあがるのは1960年代である．千葉ニュータウン開発は，千葉県北西部の船橋市・白井市・印西市にまたがる約1930 haという広大な面積を対象に進められた．開発計画の当初は34万人の居住を見込み，土地の買収などが行われたが，10万人に満たない段階で，2014年に新住宅市街地開発法に基づく開発期間が終了し，286 haの「空き地」が残った（橋本2014）．

空き地という言葉からは，いかにも「無駄な場所」という印象を受ける．しかしそのような空き地の一部には，ワレモコウやタチフロが咲き，ジャノメチョウが飛び交う「草原の自然」が残されている．全国各地での草原の自然の喪失を目の当たりにしてきたナチュラリストの目からみて，きわめて貴重な自然である．これは，住宅地として売却することを前提に毎年継続されてきた草刈りが，かつての放牧や草地維持の営みに近い適度なものであったため，維持されてきたものと考えられる．

千葉ニュータウンの中心にある白井市では，開発が進められていた時代から市民参加による市内の生物調査が丁寧に行われ，生物多様性保全の観点から重要な空き地が把握されていた．そして市民や研究者による熱心な働きかけもあり，ニュータウン開発の期間が終了した2017年，保全上の価値がとくに高い「空き地」のいくつかが開発主体であった県の企業庁から市に無償で譲渡され，市が公園・緑地として維持管理することになった．現在では，市民団体と連携した草刈り管理や，新たな「守り手」の養成のための市民講座などが開かれ，価値を損なわずに利活用する方針が議論されている．

住宅地の空き地は，都市公園ほど施設が設置・整備されていなくても，存在そのものがさまざまな生態系サービスを生み出すグリーンインフラになりうる．このような場を，より積極的に残すための法制度の整備も徐々に進んでいる．上でも紹介した都市緑地法の一部を改正する法律（2017年）では，さまざまな主体が緑地の維持にかかわれるよう，緑地管理機構の指定権を知事から市町村長に変更するとともに，民間企業や市民団体などさまざまな主体が管理や利用にかかわれるようになった．今後，生物多様性や水文動態の研究と土地利用計画のリンクや，自然保護系の市民団体と地域活性化の活動をする市民や企業のリンクを充実させることが，都市内の緑地を価値あるインフラとするうえでのカギとなるだろう．

3.8 むすび

農地とそれを取り巻く草地や樹林の生態系は，食べ物，肥料，燃料といった資源を取得するため，すなわち生態系の供給サービスを引き出すために維持されてきた．地下水の涵養，送粉昆虫や病害虫の天敵の維持，防災といった生態系の調整サービスや生物多様性は，とくに意識的に守らなくても，供給サービスを求めた結果として附随的に守られてきたものと考えられる．しかし，技術の発達に伴い，たとえば水田の圃場整備による湿地としての機能の低下にみられるように，供給サービスの追及が調整サービスや生物多様性の低下をもたらすようになった．

本章で紹介した環境保全型農業は，このコンフリクトを軽減し，供給サービスを維持あるいは向上させつつ，調整サービスと生物多様性を一定レベル以上に維持することを目指した試みといえる．また放棄水田や空き地の活用は，供給サービスはさておき，調整サービスと生物多様性の確保を目指した取り組みといえる．

現代の日本の経済・社会構造では，農地での供給サービスは個人の利益に，調整サービスや生物多様性は公の利益に寄与するものになる．そのため，農地という個人の所有地であっても，公金を使って維持する制度が整えられつつあることも，本章で紹介した．このような制度が効果的に機能するためには，実際に行われる農業や土地管理が，生態系サービスや生物多様性の保全にもたらす影響の検証が欠かせない．

また，社会を構成する人々がそのような制度を通じて税金が使われることを認める意識をもつことも重要である．イギリスにおける農地での生態系・生物多様性保全の制度は「スチュワードシップ制度」と名づけられている．スチュワードシップは「受託責任」とも訳される概念で，資産を他者から預かり，責任をもって管理することをさす．もともと，キリスト教の概念であり，人間は造物主から野生生物など自然資源を守ることを託された存在であるという考えにルーツがある．農地の環境管理にこの語があてられているのは，短期的な利潤の追求ではなく，公に役立つ場として維持するという倫理観を反映しているのだろう．

日本には神との契約といった自然観をもつ人は少ないが，一方で，コミュニティーのメンバーに迷惑をかけないように，あるいは子や孫の世代に苦労をかけないようにする意識は強いと思われる．雑草が増えると近所の田んぼに迷惑をかけるから，という考えで休耕田の道端にまで除草剤をまく人が多いのも，そのような公共心のあらわれと思われる．このような公共心は慎重に扱わねばならず，ともすると農家にだけ負担がかかる状態にもなりかねない．生物多様性や生態系の調整サービスといった実感しにくい，しかし社会の広い範囲や将来世代にとって重要な対象を維持するためには，法制度を整えるだけでなく，その意義についての情報を幅広く共有し，倫理的な側面についても議論することが必要である．

参考文献

Abe-Ouchi A, Saito F, Kawamura K et al. (2013) Insolation-driven 100,000-year glacial cycles and hysteresis of ice-sheet volume. Nature 500: 190–193.

Andow DA, Hidaka K (1989) Experimental natural history of sustainable agriculture: syndromes of production. Agriculture, Ecosystems & Environment 27: 447–462.

Atobe T, Osada Y, Takeda H et al. (2014) Habitat connectivity and resident shared predators determine the impact of invasive bullfrogs on native frogs in farm ponds. Proceedings of the Royal Society B 281: 20132621.

Aoki K, Akai K, Ujiie K et al. (2014) An actual purchasing experiment for investigating the effects of eco-information on consumers' environmental consciousness and attitudes towards agricultural products. International Journal of Automation Technology 8: 688–697.

Baba YG, Kusumoto Y, Tanaka K (2018) Effects of agricultural practices and fine-scale landscape factors on spiders and a pest insect in Japanese rice paddy ecosystems. BioControl 63: 265–275.

Cox DTC, Shanahan DF, Hudson HL et al. (2017) Doses of neighborhood nature: The benefits for mental health of living with nature. BioScience 67: 147–155.

Diekötter T, Peter F, Jauker B et al. (2014) Mass-flowering crops increase richness of cavity-nesting bees and wasps in modern agro-ecosystems. Global Change Biology 6: 219–226.

Dirzo R, Young HS, Galetti M et al. (2014) Defaunation in the Anthropocene. Science 345: 401–406.

Dunning JB, Danielson BJ, Pulliam HR (1992) Ecological processes that affect populations in complex landscapes. Oikos 65: 169–175.

Ege MJ, Mayer M, Normand AC et al. (2011) Exposure to environmental microorganisms and childhood asthma. New England Journal of Medicine 364: 701–709.

EU 統計局 (2013) EUROSTAT.

FAO (2016) FAOSTAT.

Fujita G, Azuma A, Nonaka J et al. (2016) Context dependent effect of landscape on the occurrence of an apex predator across different climate regions. PLoS One: 0153722.

Fujita G, Naoe S, Miyashita T (2015) Modernization of drainage systems decreases gray-faced buzzard occurrence by reducing frog densities in paddy-dominated landscapes. Landscape and Ecological Engineering 11: 189–198.

Gabriel D, Sait SM, Hodgson JA et al. (2010) Scale matters: the impact of organic farming on biodiversity at different spatial scales. Ecology Letters 13: 858–869.

Gamero A, Brotons L, Brunner A et al. (2017) Tracking progress toward EU biodiversity strategy targets: EU policy effects in preserving its common farmland birds. Conservation Letters 10: 395–402.

Grime JP (1977) Evidence for the existence of three primary strategies in plants and its relevance to ecological and evolutionary theory. American Naturalist 111: 1169–1194.

Haahtela T, Laatikainen T, Alenius H et al. (2015) Hunt for the origin of allergy—comparing the Finnish and Russian Karelia. Clinical & Experimental Allergy 45: 891–901.

Harwood JD, Sunderland KD, Symondson WO (2004) Prey selection by linyphiid spiders: molecular tracking of the effects of alternative prey on rates of aphid consumption in the field. Journal of Applied Ecology 13: 3549–3560.

Husk K, Lovell R, Cooper C et al. (2016) Participation in environmental enhancement and conservation activities for health and well-being in adults: a review of quantitative and qualitative evidence. Cochrane Database of Systematic Review DOI: 10.1002/14651858.CD010351.pub2.

Itoh M, Sudo S, Mori S et al. (2011) Mitigation of methane emissions from paddy fields by prolonging midseason drainage. Agriculture, Ecosystems & Environment 141: 359–372.

IUCN (2013) Guidelines for Reintroductions and Other Conservation Translocations. Version 1.0. Gland, Switzerland: IUCN Species Survival Commission.

Jonason D, Andersson GK, Ockinger E et al. (2011) Assessing the effect of the time since transition to organic farming on plants and butterflies. Journal of Applied Ecology 48: 543–550.

Kato N, Yoshio M, Kobayashi R et al. (2010) Differential responses of two anuran species breeding in rice fields to landscape composition and spatial scale. Wetlands 30: 1171–1179.

Kennett JP, Kennett DJ, Culleton BJ et al. (2015) Reply to Holliday and Boslough et al.: Synchroneity of widespread Bayesian-modeled ages supports Younger Dryas impact hypothesis. PNAS 112: E6723-E6724.

Kidera N, Kadoya T, Yamano H et al. (2018) Hydrological effects of paddy improvement and abandonment on amphibian populations; long-term trends of the Japanese brown frog, *Rana japonica*. Biological Conservation 219: 96–104.

Kleijn D, Baquero RA, Clough Y et al. (2006) Mixed biodiversity benefits of agri-environment schemes in five European countries. Ecology Letters 9: 243–252.

Koshida C, Katayama N (2018) Meta-analysis of the effects of rice-field abandonment on biodiversity in Japan. Conservation Biology 32: 1392–1402.

Maezono Y, Miyashita T (2004) Impacts of removal of exotic fishes on native communities in farm ponds. Ecological Research 19: 263–267.

Miyashita T, Yamanaka M, Tsutsui HM (2014) Distribution and abundance of organisms in paddy-dominated landscapes with implications for wildlife-friendly farming. In: Usio N, Miyashita T (eds) Social-Ecologica Restoration in Paddy-Dominated Landscapes. Springer. 45–65.

Mushiake K (2001) Hydrology and water resources in monsoon Asia. Proceeding of Symposium on Innovation Approaches for Hydrology and Water Resource Management. JSHWR, Japan, 1–14.

Naito K, Sagawa S, Ohsako Y (2014) Using the oriental white stork as an indicator species for farmland restoration. In: Usio N, Miyashita T (eds) Social-Ecologica Restoration in Paddy-Dominated Landscapes. Springer. 123–138.

NOAA (2018) Average sized dead zone forecast for Gulf of Mexico. http://www.noaa.gov/media-release/average-sized-dead-zone-forecast-for-gulf-of-mexico

Osawa T, Kohyama K, Mitsuhashi H (2016) Trade-off relationship between modern agriculture and biodiversity: heavy consolidation work has a long-term negative impact on plant species diversity. Land Use Policy 54: 78–84.

Queiroz C, Beilin R, Folke C et al. (2014) Farmland abandonment: threat or opportunity for biodiversity conservation? A global review. Frontiers in Ecology and Environment 12: 288–296.

Ruddiman WE (2006) How did humans first alter global climate? Scientific American 292: 46–53.

Takada BM, Yoshioka A, Takagi S et al. (2012) Multiple spatial scale factors affecting mirid bug abundance and damage level in organic rice paddies. Biological Control 60: 169–174.

Taki H, Okabe K, Makino S et al. (2009) Contribution of small insects to pollination of common buckwheat, a distylous crop. Annals of Applied Biology 155: 121–129.

Taki H, Okabe K, Yamaura Y et al. (2010) Effects of landscape metrics on Apis and non-Apis pollinators and seed set in common buckwheat. Basic and Applied Ecology 1: 594-602.

Tanaka K, Funakoshi Y, Hokamura T et al. (2010) The role of paddy rice in recharging urban groundwater in the Shira River Basin. Paddy and Water Environment 8: 217-226.

Tscharntke T, Klein AM, Kruess A et al. (2005) Landscape perspectives on agricultural intensification and biodiversity-ecosystem service management. Ecology Letters 8: 857-874.

Tsutsui HM, Kobayashi K, Miyshita T (2018) Temporal trends in arthropod abundances after the transition to organic farming in paddy fields. PLoS One: 0190946.

Tsutsui HM, Tanaka K, Baba GY et al. (2016) Spatio-temporal dynamics of generalist predators (*Tetragnatha* spider) in environmentally friendly paddy fields. Applied Entomology and Zoology 51: 631-640.

Ujiie K (2014) Consumer preferences and willingness to pay for eco-labeled rice: a choice experiment approach to evaluation of toki-friendly rice consumption. In: Usio N, Miyashita T (eds) Social-Ecologica Restoration in Paddy-Dominated Landscapes. Springer. 263-279.

Urabe K, Ikemoto T, Takei S (1990) Studies on *Sympetrum frequens* (Odonata: Libellulidae) nymphs as natural enemies of the mosquito larvae, *Anopheles sinensis*, in rice fields. 4. Prey-predator relationship in the rice field areas. Japanese Journal of Sanitary Zoology 41: 265-272.

Wang, Z, Nishihiro, J, Washitani I (2011) Facilitation of plant species richness and endangered species by a tussock grass in a moist tall grassland revealed using hierarchical Bayesian analysis. Ecological Research 26: 1103-1111.

WWF (2016) Living Planet Report 2014.WWF International, Switzerland.

Yan X, Akiyama H, Yagi K et al. (2009) Global estimations of the inventory and mitigation potential of methane emissions from rice cultivation conducted using the 2006 Intergovernmental Panel on Climate Change Guidelines. Global Biogeochemical Cycles 23: 003299.

青木更吉 (2010) 小金原を歩く　将軍鹿狩りと水戸家鷹狩．崙書房．

浅沼　操 (1971) 日本の割替え慣行の地理的展望．新地理 19：1-32.

足達太郎，石川　忠，岡島秀治 (2010) 上越市西部中山間地域の水田節足動物群集．東京農大集報 54：267-276.

阿部　治 (2017) ESD の地域創成力．合同出版．

網野善彦 (2008)「日本」とは何か．講談社．

有田博之，友正達美，河原秀聡 (2000) 粗放管理による農地資源保全．農業土木学会論文集 209：707-715.

安藤邦廣 (1983) 茅葺きの民俗学．はる書房．

飯沼賢司 (2011) 火と水の利用からみる阿蘇の草原と森の歴史―下野狩神事の世界を読み解く．「野と原の環境史」(湯本貴和 編)．文一総合出版．

飯沼二郎 (1970) 風土と歴史．岩波書店．

池上佑里，西廣　淳，鷲谷いづみ (2011) 茨城県北浦流域における谷津奥部の水田耕作放棄地の植生．保全生態学研究 16：1-15.

池橋　宏 (2005) 稲作の起源　イネ学から考古学への挑戦．講談社．

稲垣栄洋，楠本良延 (2016) 静岡の茶草場農法．農村計画学会誌 35：365-368.

井上君夫，木村富士男，日下博幸ほか (2009) 気候緩和評価モデルの開発と PC シミュレーション．中央農研研究報告 12：1-25.

上田哲行 (2004) トンボと自然観．京都大学学術出版会．

上田哲行 (2012) 全国で激減するアキアカネ．自然保護 529：36-38.

宇田津徹朗（2013）東アジアにおける水田稲作技術の成立と発達に関する研究—その現状と課題．名古屋大学加速器質量分析計器報告書 26：113-122.
内山純蔵（1997）縄文時代の関東地方における漁撈活動—先史生業復元への GIS の応用—．国立民族学博物館研究報告 22：375-424.
宇留間悠香，小林頼太，西嶋翔太ほか（2012）空間構造を考慮した環境保全型農業の影響評価：佐渡島における両生類の事例．保全生態学研究 17：155-164.
大塚柳太郎（2015）ヒトはこうして増えてきた．新潮社.
大元鈴子（2017）ローカル認証．清水弘文堂書房.
大森誉紀（2015）水稲無農薬栽培を 28 年間継続した水田における収量の年次変動とその要因．愛媛県農林水産研究報告 7：42-52.
岡島秀夫（1976）土壌肥沃論．農山漁村文化協会.
小椋純一（2012）森と草原の歴史．古今書院.
小野　淳，松澤龍人，本木賢太郎（2016）都市農業必携ガイド　市民農園・新規就農・企業参入で農のある都市づくり．農山漁村文化協会.
笠原安夫（1951）本邦雑草の種類及び地理的分布に関する研究　第 4 報　水田雑草の地理的分布と発生度．農学研究 39：143-154.
梶村達人（1993）イネの有機栽培がウンカ・ヨコバイ類の個体群密度に及ぼす影響　I. 密度および増殖率．応用動物昆虫学会誌 37：137-144.
片山直樹，村山恒也，益子美由紀（2015）水田の有機農法がサギ類の採食効率および個体数に与える影響．日本鳥学会誌 64：183-193.
上郷史編集委員会（1978）上郷史．上郷史刊行会.
環境省（2009）里地里山保全・活用検討会議　平成 20 年度第 3 回検討会議資料.
環境省（2012）我が国の絶滅のおそれのある野生生物の保全に関する点検とりまとめ報告書.
環境省（2015）生物多様性分野における気候変動への適応についての基本的考え方.
環境省　環境教育等促進法 関連情報．https://edu.env.go.jp/law.html（2019 年 3 月 23 日確認）
岸　康彦（2010）コウノトリと共に生きる農業—兵庫県豊岡市の挑戦—．農業研究 23：85-120.
北澤　健，江波義成，近藤　篤ほか（2011）環境こだわり農業が水田の生物相に及ぼす効果を評価するための指標生物選抜の試み．滋賀県農業技術センター研究報告 50：61-98.
鬼頭　宏（1996）文明システムの転換—日本列島を事例として．「地球と文明の画期」（伊東俊太郎・安田喜憲 編）．朝倉書店.
鬼頭　宏（2000）人口から読む日本の歴史．講談社.
木村茂光（編）（2010）日本農業史．吉川弘文館.
桐谷圭治（2004）「ただの虫」を無視しない農業．築地書館.
桐谷圭治（2009）総合的生物多様性管理．「生物間相互作用と害虫管理」（安田弘法，城所　隆，田中幸一 編）．京都大学学術出版会.
桐谷圭治（2010）田んぼの生きもの全種リスト．生物多様性農業支援センター・農と自然の研究所.
桐谷圭治，田付貞洋（2009）ニカメイガ　日本の応用昆虫学．東京大学出版会.
楠本良延，稲垣栄洋（2014）草原の維持による特異な生物多様性の保全．環境情報科学 43：14-18.
栗原藤七郎（1964）東洋の米　西洋の小麦．東洋経済新報社.
グリーンインフラ研究会・三菱 UFJ リサーチ＆コンサルティング・日経コンストラクション 編（2017）決定版！グリーンインフラ．日経 BP 社.
国土交通省国土計画（2007）森林管理の現況把握に関する調査.
国土地理院（2000）日本全国の湿地面積変化の調査結果．http://www.gsi.go.jp/kankyochiri/shicchimenseki2.html（2019 年 6 月 6 日確認）
コニフ（2017）絶滅危惧種の移住を手助け　生物の引っ越し大作戦．日経サイエンス 2 月号：81-85.

小林四郎，柴田広秋（1973）水田とその周辺におけるクモ類の個体群変動,害虫の生態的防除と関連して．日本応用動物昆虫学会誌 17：193-202.
齋藤邦行，黒田俊郎，熊野誠一（2001）水稲の有機栽培に関する継続試験．日本作物学会紀事 70：530-540.
佐々木浩（2016）日本のカワウソはなぜ絶滅したのか．筑紫女子大学人間文化研究所年報 27：95-111.
佐藤洋一郎（2009）ユーラシア農耕史　第 2 巻：日本人と米．臨川書店.
自然環境研究センター（2003）平成 14 年度共生と循環の地域社会づくりモデル事業（佐渡地域）報告書.
須賀　丈，岡本　透，丑丸敦史（2012）草地と日本人　日本列島草原 1 万年の旅．築地書館.
杉本　毅，桜谷保之，山下美智代（1984）自然農法田と慣行農法田におけるトビイロウンカによる被害の比較．近畿大学農学部紀要 17：13-20.
須藤　功 編（1989）写真でみる日本生活図引 1；たがやす．弘文堂.
瀬戸口明久（2009）害虫の誕生―虫からみた日本史．筑摩書房.
総務省統計局　日本の長期統計系列．http://www.stat.go.jp/data/chouki/index.html（2019 年 3 月 23 日確認）
高島正憲（2012）日本古代における農業生産と経済成長：耕地面積，土地生産性，農業生産性の数量的分析．一橋大学経済研究所.
高橋啓一（2011）最終氷期の環日本海地域における大型哺乳類相の変遷．「野と原の環境史」（湯本貴和 編）．文一総合出版.
高橋洋子，粟津原宏子，小谷スミ子（2006）新潟・長野・富山県における鮭と鰤に関する食文化的考察―漁獲・加工・流通及び消費の変遷から．日本調理科学会誌 39：310-319.
武井弘一（2015）江戸日本の転換点．NHK 出版.
田中淳志，大石卓史（2017）生物多様性ブランド農産物の販売状況と今後の展望．農村計画学会誌 35：492-495.
田端英雄（1997）エコロジーガイド　里山の自然．保育社.
塚本良則（1992）森林水文学．文永堂出版.
津田　智（2010）火を使って草原を再生する．「自然再生ハンドブック」（日本生態学会 編）．地人書館.
東木竜七（1926）地形と貝塚分布より見たる関東低地の旧海岸線．地理学評論 2.
藤堂忠治（1914）下伊那写真帖．青雲堂.
中川　毅（2017）人類と気候の 10 万年史．講談社.
成末雅恵（1992）埼玉県におけるサギ類の集団繁殖地の変遷．Strix 11：189-209.
日本学術会議（2001）地球環境・人間生活にかかわる農業及び森林の多面的な機能の評価について.
日本植物調節剤研究協会 編（2014）植調五十年史.
農林水産省（2005）総合的病害虫・雑草管理（IPM）実践指針について.
農林水産省（2010）生きものマークガイドブック.
農林水産省（2015）農林業センサス.
農林水産省（2016）環境保全型農業の推進について.
農林水産省（2016）日本型直接支払について.
農林水産省（2017）農林水産統計.
野副健司，西廣　淳，ホーテス シュテファンほか（2010）霞ヶ浦湖岸「妙岐の鼻湿原」における植物の種多様性指標としてのカモノハシ．保全生態学研究 15：281-290.
橋本利昭（2014）未完のニュータウン：事業期間終了／3　広大な未処分地 社会情勢に左右され．毎日新聞 2014 年 4 月 3 日.

早川友康，遠藤千尋，関島恒夫（2016）農閑期においてトキの採餌効率を高める農地管理手法としての秋耕起の有効性．保全生態学研究 21：15-32.
林　直樹，杉山大志（2011）農業の多面的機能の評価方法の問題点について．電力中央研究所　社会経済研究所.
平舘俊太郎（2016）火山が農業にもたらす恩恵．地球環境 21：55-66.
平山修次郎（1933）原色千種昆虫図譜．三省堂.
藤田幸一郎（2014）ヨーロッパ農村景観論．日本経済新聞社.
藤原愛弓，西廣　淳，鷲谷いづみ（2014）さとやま自然再生事業地におけるニホンミツバチの生態系サービス評価：花資源利用およびコロニーの発達．保全生態学研究 19：39-51.
牧　純（2012）日本におけるマラリアの史的考究―特に 11 世紀の日本と現代におけるマラリア感染の対処法と治療薬―．松山大学論集 23：243-256.
増本隆夫（2010）広域水田地帯の洪水防止機能の評価と将来の流域水管理への利活用（Ⅰ）．水利科学 54：23-38.
松野和夫，稲垣栄洋，大石智広ほか（2010）環境教育を目的とした水田における水稲害虫の発生状況．農村計画学会誌 28：261-266.
松村俊和，内田　圭，澤田佳宏（2014）水田畦畔に成立する半自然植生の生物多様性の現状と保全．植生学会誌 31：193-218.
水本邦彦（2003）草山の語る近世．山川出版社.
宮尾嶽雄（1977）滅びゆく信州のシカ．「日本哺乳類雑記　第 4 集」（宮尾嶽雄 編）．信州哺乳類研究会.
宮下　直，井鷺裕司，千葉　聡（2012）生物多様性と生態学―遺伝子・種・生態系―．朝倉書店.
守山　弘（1997）水田を守るとはどういうことか．農山漁村文化協会.
安田　健（1988）朱鷺の文献（その 9）．応用鳥学集報 8：68-82.
安田喜憲（1996）地球と文明の画期．「地球と文明の画期」（伊東俊太郎，安田喜憲 編）．朝倉書店.
安田喜憲（2007）環境考古学事始　日本列島 2 万年の自然環境史．洋泉社.
矢部光保，林　岳（2015）生物多様性のブランド化戦略．筑波書房.
山内康二，高橋佳孝（2002）阿蘇千年の草原の現状と市民参加による保全へのとりくみ．日本草地学会誌 48：290-298.
山口裕文，梅本信也（1996）水田畦畔の類型と畦畔植物の資源学的意義．雑草研究 41：286-294.
山口裕文，柳　智博（1995）採種経歴を異にする糸巻きダイコンの根の肥大能力．近畿作物・育種研究 40：1-4.
山崎不二夫（1996）水田ものがたり―縄文時代から現代まで―．農山漁村文化協会.
山根一郎（1974）日本の自然と農業．農山漁村文化協会.
吉野正敏（2009）4 ～ 9 世紀における気候変動と人間活動．地学雑誌 118：1221-1236.
林野庁（2015）森林・林業白書.
渡辺尚志（2017）百姓たちの山争い裁判 4．草思社.
渡辺良雄，武内和彦，中林一樹ほか（1980）東京大都市地域の土地利用変化からみた居住地の形成過程と多摩ニュータウン開発．総合都市研究 10：7-28.
和辻哲郎（1979）風土　人間学的考察．岩波文庫（1935 年初版，岩波書店）.

用語索引

欧　文

ア　行

カ　行

サ　行

ワ　行

生物名索引

ア　行

カ　行

サ　行

タ　行

ナ　行

ハ　行

マ　行

ヤ　行

ワ　行

著者略歴

宮下　直（みやした　ただし）

1961年　長野県に生まれる
1985年　東京大学大学院農学系研究科修士課程修了
現　在　東京大学大学院農学生命科学研究科教授
　　　　博士（農学）
著　書　『生物多様性と生態学』（共著，朝倉書店，2012）
　　　　『生物多様性のしくみを解く』（工作舎，2014）
　　　　『となりの生物多様性』（工作舎，2016）
　　　　『生物多様性概論』（共著，朝倉書店，2017）など

西廣　淳（にしひろ　じゅん）

1971年　千葉県に生まれる
1999年　筑波大学大学院生物科学研究科博士課程修了
現　在　国立環境研究所気候変動適応センター主任研究員
　　　　博士（理学）

人と生態系のダイナミクス
1．農地・草地の歴史と未来　　定価はカバーに表示

2019年7月10日　初版第1刷

著　者　宮　下　　　直
　　　　西　廣　　　淳
発行者　朝　倉　誠　造
発行所　株式会社　朝　倉　書　店
東京都新宿区新小川町 6-29
郵便番号　162-8707
電　話　03（3260）0141
FAX　03（3260）0180
http://www.asakura.co.jp

〈検印省略〉

シナノ印刷・渡辺製本

ISBN 978-4-254-18541-6　C 3340　Printed in Japan

シリーズ

人と生態系のダイナミクス

（全５巻）

シリーズ編集　宮下　直（東京大学）・西廣　淳（国立環境研究所）

人と自然のダイナミックな関係について，歴史的変遷，現状の課題，社会の取り組みを一貫した視点から論じる．

読者対象　生態学に関わる学生・研究者，農林水産業，土木，都市計画などの隣接分野で生物・生態系に興味を持つ研究者・実務家，生物多様性・生態系の保全に関心のある方

人と生態系のダイナミクス　**1．農地・草地の歴史と未来**

宮下　直（東京大学）・西廣　淳（国立環境研究所）［著］

A5 判・176 頁

〔続刊〕

森林の歴史と未来

鈴木　牧・齋藤暖生・西廣　淳・宮下　直［著］

河川・湿地の歴史と未来

河口洋一・西廣　淳・原田守啓・瀧健太郎・宮崎佑介［著］

海の歴史と未来

堀　正和・山北剛久［著］

都市生態系の歴史と未来

飯田晶子・曽我昌史・土屋一彬［著］

2019 年 6 月現在